KB177031

GÂTEAUX SECS CLASSIQUES
오뗄두스의 **클래식 구움과자**
DE L'HOTEL DOUCE

BnCworld

HôTEL DOUCE
by L'ECOLE DOUCE

Gâteaux de voyage

가토 드 보야주

프랑스에서는 구움과자를 흔히 '여행할 때 먹는 과자'라는 뜻으로 '가토 드 보야주(Gâteaux de voyage)'라고 한다. 버터, 설탕 등의 함량이 높아 빨리 상하지 않고 운반이 쉬울 뿐만 아니라 간식으로 가볍게 먹을 수 있어 여행에는 안성맞춤이다.

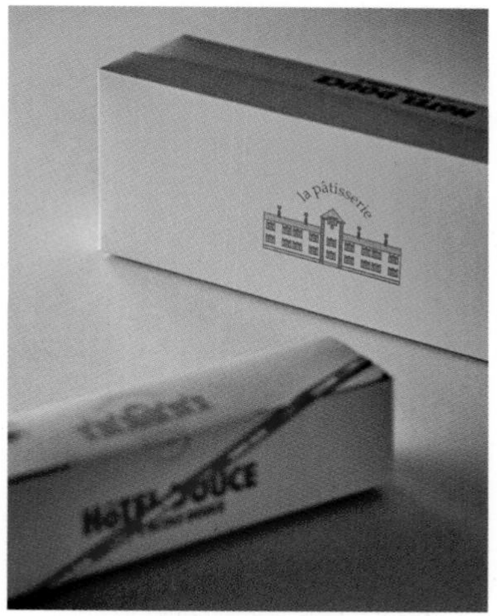

JEONG HONG YEON

'대화'라는 뜻의 'Conversation'은 프랑스어로 콩베르사시옹, 영어로 컨버세이션이라고 읽습니다. 프랑스에서는 검지 두 개를 엇갈리게 겹쳐 ×자로 만드는 손짓이 '대화'라는 의미로 쓰이기도 하죠. 그래서 콩베르사시옹의 윗면 역시 ×자 띠반죽을 두르고 있나 봅니다.

PROLOGUE

20년 전부터 애정하던 이 프랑스 구움과자를 오랜만에 만들었습니다. 그동안 뭐가 그리 바빴는지 미루고 미루다 만들었지만 시간이 흐르고 유행이 몇 번 바뀌어도 여전히 좋더군요.
남들은 이 과자의 이름을 그냥 '대화'라고 직역하지만 저는 '속삭임'이라고 부릅니다. 버터로 반죽을 싸서 밀어 편 푀이타주 앵베르세를 깔고 그 안에 아몬드와 헤이즐넛파우더를 넣은 크림과 살구 또는 서양배를 넣어 액센트를 더하고, 마지막으로 글라스 로열을 발라 굽습니다.
구워진 콩베르사시옹을 한 입 베어 물고 그 맛을 음미하다 보면 너무 바삭하지 않은 앵베르세 파이와 찐 고구마같이 촉촉한 헤이즐넛 크림, 살구 콩포트가 입 안에서 살짝살짝 씹히면서 긴 숨을 코로 내쉬는 순간, 익숙하고 많이 먹어본 듯한 맛들의 친근함과 소박함, 따스함을 느끼게 됩니다. 그러면서 누군가가 속삭이는 듯한 작은 소리가 특유의 글라스 로열의 바삭거림과 함께 귓가에 맴돕니다.

"조금만 더 하면 괜찮아질 거야!"
"그리운 사람과 곧 만나게 될 거야!"
"힘내세요!"

지금 제가 듣고 싶은 얘기를 들려주는 듯한 착각에 빠집니다. 참으로 매력있고 로맨틱하기까지 한 콩베르사시옹이죠?
제가 만드는 구움과자 하나하나에는 이렇듯 사랑과 생각, 이야기가 담겨 있습니다.
자, 그럼 지금부터 저의 구움과자를 함께 맛보실까요?

CONTENTS

FOUR SEC PART 01 푸르 세크

DEMI SEC PART 02 드미 세크

FOUR SEC

PART 01

푸르 세크

오븐에서 굽는 과자인 구움과자는 푸르 세크(Four sec)와 드미 세크(Demi sec)로 나뉜다. 그중 쿠키, 머랭, 파이 등 수분 함량이 낮고 바삭한 식감의 과자가 푸르 세크이다.
오뗄두스의 푸르 세크에서는 조금 더 손이 가고 조금 더 오래 걸리지만 정통을 고수하려는 정홍연 셰프의 고집과 노하우가 고스란히 묻어난다. 제품 본연의 맛과 과정에 충실한 제품. 굳이 떠들지 않아도 오랜 시간 높은 평가를 받는 이유가 그것이리라.

POLVORON
폴보론

스페인 남부 안달루시아 지방의 향토과자 폴보론. 구운 박력분과 라드를 사용하기 때문에 글루텐이 생기지 않아 식감이 아주 부드럽고 가볍다. 이곳 사람들은 이 과자를 입에 넣고 부서지기 전에 '폴보론'이라고 세 번 외치면 행복이 찾아온다고 믿는다. 원래는 안달루시아 지방에서 크리스마스에 주로 먹는 과자였으나 지금은 스페인 전역에서 흔하게 접할 수 있는 과자이다. 300년 이상 스페인의 통치하에 있었던 필리핀에서도 많은 사랑을 받고 있다. 이 책에서는 직접 만든 헤이즐넛 프랄리네와 껍질 있는 아몬드파우더를 사용해 고소하면서도 풍부한 맛을 더했다.

More details

라드

흰색의 반고체 상태인 라드(Lard)는 돼지고기 지방을 녹인 돼지기름으로 식물성기름에 비해 산화가 느리다. 포크 커틀릿 등의 튀김류나 파이, 쿠키 등에 사용하면 바삭한 식감과 함께 맛이 한층 깊고 풍부해진다. 스페인에서는 과자를 만들 때 버터 대신 라드(Manteca de cerdo)를 많이 사용한다. 국내에서는 대량으로 판매하는 경우가 많아 구입이 어려울 경우 라드의 분량만큼 버터로 대체할 수 있다.

03 ——• 헤이즐넛 펼쳐 식히기
05 ——• 박력분 굽기
10 ——• 일정한 두께로 밀어 펴기
12 ——• 팬닝하기

RECIPE

지름 3.8㎝ 약 90개 분량

헤이즐넛 프랄리네

통헤이즐넛 200g
설탕 100g

쿠키 반죽

박력분 250g
버터 100g
라드 60g
슈거파우더 110g
시나몬파우더 1g
껍질 있는 아몬드파우더 78g
헤이즐넛 프랄리네 100g

헤이즐넛 프랄리네

1 160℃ 컨벡션 오븐에서 헤이즐넛 단면이 갈색이 될 때까지 충분히 굽는다.
2 동냄비에 설탕을 넣고 불에 올려 캐러멜을 만든다.
3 ①의 헤이즐넛을 넣고 섞은 다음 실리콘패드 위에 펼쳐 식힌다.
4 푸드프로세서에 넣고 곱게 갈아 페이스트를 만든다.
tip 프랄리네(Praliné)는 아몬드, 헤이즐넛 등의 구운 견과류에 설탕으로 만든 캐러멜을 묻혀 페이스트 상태로 곱게 간 것이다. 직접 만들어 사용하면 견과류의 고소한 맛과 향이 배가된다.

쿠키 반죽

5 철판에 박력분을 고루 펼친 다음 160℃ 컨벡션 오븐에서 약 60분 정도 뒤적이면서 굽는다.
tip 박력분을 구워 사용하면 폴보론 특유의 부서지는 듯한 바삭한 식감을 얻을 수 있다. 이 제품의 가장 큰 특징이다.
6 믹서볼에 포마드 상태의 버터, 라드를 넣고 비터로 섞는다.
tip 버터 대신 라드를 사용하는 것이 폴보론의 전통적인 제조법이다. 라드가 없을 경우 버터로 대체할 수 있다.
7 슈거파우더, 시나몬파우더, 껍질 있는 아몬드파우더를 넣고 섞는다.
8 ⑤의 구운 박력분을 넣고 섞는다.
9 ④의 헤이즐넛 프랄리네를 넣고 한 덩어리가 될 때까지 섞는다.
10 1㎝ 두께의 각봉을 대고 밀대로 반죽을 밀어 편다.
11 냉장고에서 찍기 좋은 굳기가 될 때까지 휴지시킨다.
12 지름 3.8㎝ 쿠키커터로 찍어 철판에 팬닝한다.
13 160℃ 컨벡션 오븐에서 약 10분 정도 구운 다음 완전히 식힌다.
14 데코스노파우더(분량 외)를 윗면에 뿌린다.
tip 데코스노파우더는 장식용으로 사용하는 슈거파우더로 설탕을 곱게 갈아 유지로 코팅한 것이다. 일반적인 슈거파우더에 비해 케이크 위에 뿌려도 수분과 잘 섞이지 않아 쉽게 녹거나 뭉치지 않는다.
tip 매우 잘 부서지기 때문에 포장할 때 주의가 필요하다.

BISCUIT SABLÉ À LA FARINE DE RIZ
라이스 쿠키

쌀가루를 사용해 담백한 맛과 보슬보슬한 식감을 낸 라이스 쿠키. 글루텐이 없는 쌀가루는 폴보론의 구운 박력분과 동일한 역할을 하며, 입 안에 넣으면 사르르 부서지면서 녹는 식감 역시 폴보론과 비슷하지만 조금 더 바삭한 편이다. 최근 밀가루 알레르기가 있거나 글루텐이 포함된 음식을 섭취했을 때 예민한 증상을 일으키는 사람들을 위한 글루텐프리 제품들이 많이 나오고 있는데, 밀가루를 대체할 수 있는 재료로 쌀가루를 많이 사용한다.

More details

쌀가루

쌀가루는 건식과 습식이 있으며 쿠키를 만들 때는 주로 건식을 사용한다. 쌀가루는 특유의 냄새나 맛이 강하지 않아서 밀가루 대신 사용할 수 있지만 밀가루보다 수분을 많이 흡수하기 때문에 전체적인 수분량을 잘 조절해야 한다. 쌀가루는 글루텐이 없어 많이 섞어도 딱딱해지지 않고 덩어리가 잘 안 생겨서 부서지기 쉽다. 쿠키에는 바삭바삭한 식감을, 스펀지류에는 폭신한 식감과 담백한 맛을 더해준다.

01 ——• 푸드프로세서로 반죽 섞기
03 ——• 볼에 옮겨 담고 섞기
09 ——• 오븐에서 굽기
10 ——• 데코스노우 뿌리기

RECIPE

지름 3.5㎝ 약 70개 분량

버터 300g
박력분 35g
쌀가루(건식) 315g
슈거파우더 125g
노른자 25g
생크림 19g
소금 2g

1 푸드프로세서에 1㎝ 크기로 자른 차가운 상태의 버터, 함께 체 친 박력분과 쌀가루, 슈거파우더를 넣고 모래알 크기가 될 때까지 섞는다.
tip 푸드프로세서를 사용하면 반죽을 쉽게 섞을 수 있다. 오래 작동시키면 푸드프로세서에서 나오는 열에 의해 버터가 녹게 되므로 반죽이 뭉칠 수 있다. 짧게 여러 번 돌린다.
tip 글루텐이 없는 쌀가루를 사용하면 폴보론과 비슷한 바삭한 식감을 얻을 수 있다.
2 볼에 노른자, 생크림, 소금을 넣고 거품기로 섞는다.
3 다른 볼에 ①을 옮겨 담고 가운데를 파서 ②를 넣는다.
4 스크레이퍼를 이용해 바깥쪽 반죽을 가운데로 덮어가며 자르듯이 섞는다.
5 반죽을 한 덩어리로 뭉쳐 랩으로 싸고 냉장고에서 하룻밤 휴지시킨다.
tip 반죽을 휴지시키면 많이 섞지 않아도 모든 재료에 수분이 충분히 전달된다.
6 반죽을 실온 상태로 되돌린 다음 0.9㎝ 두께의 각봉을 대고 밀대로 반죽을 밀어 편다.
7 냉장고에서 찍기 좋은 굳기가 될 때까지 휴지시킨다.
8 지름 3.5㎝ 쿠키커터로 찍어 철판에 팬닝한다.
9 160℃ 컨벡션 오븐에서 약 23분 정도 구운 다음 완전히 식힌다.
10 데코스노파우더(분량 외)를 윗면에 뿌린다.
tip 데코스노파우더는 장식용으로 사용하는 슈거파우더로 설탕을 곱게 갈아 쇼트닝으로 코팅한 것이다. 수분과 잘 섞이지 않으므로 일반적인 슈거파우더에 비해 케이크 위에 뿌려도 쉽게 녹거나 뭉치지 않는다.
tip 매우 잘 부서지기 때문에 포장할 때 주의가 필요하다.

SABLÉS À LA VANILLE
바닐라 사블레

전통적인 제법으로 만든 사블레 쿠키. 사블레란 이름은 모래(Sable)처럼 보슬보슬 부서지기 쉬운 식감 때문에 붙여졌다. 흔히 쿠키를 만들기 쉬운 과자라고 하지만 한정된 재료와 레시피로 맛있는 쿠키를 만들기란 결코 쉽지 않다. 이 책에서는 차가운 버터와 밀가루를 비벼 섞어 경쾌한 식감을 내고 통아몬드와 통헤이즐넛의 고소한 풍미를 더해 특별한 맛과 식감의 쿠키를 완성했다. 이처럼 전통적인 제법에 충실하면 조금 더 섬세한 과자를 얻을 수 있다.

More details

바닐라슈거

사용하고 남은 바닐라 빈의 깍지를 깨끗이 씻어 완전히 말린 다음 설탕과 함께 푸드프로세서에 곱게 갈아 만든다. 바닐라슈거(Vanilla sugar)는 자연스러운 바닐라 향을 얻을 수 있고 가루 재료와 함께 사용하기 편리하다. 바닐라 빈을 설탕에 묻어 두었다가 향이 밴 설탕을 바닐라슈거로 사용하기도 한다.

01
03-1
03-2
06
09
11

RECIPE

약 95개 분량

껍질 있는 통아몬드 45g
통헤이즐넛 45g
박력분 200g
슈거파우더 80g
바닐라슈거 4g
베이킹파우더 1g
아몬드파우더 60g
버터 120g
노른자 24g
소금 1g
생크림 24g
바닐라 익스트랙트 4g
황설탕 적당량

1 껍질 있는 통아몬드와 통헤이즐넛은 각각 적당한 크기로 다진다.
2 박력분, 슈거파우더, 바닐라슈거, 베이킹파우더는 함께 체 치고 아몬드파우더는 입자가 굵은 체에 따로 내린다.
3 믹서볼에 ②의 가루 재료와 1㎝ 크기로 자른 차가운 상태의 버터를 넣고 모래알 크기가 될 때까지 비터를 이용해 저속으로 섞는다.
tip 차가운 상태의 버터를 사용하면 사블레 특유의 경쾌하고 바삭한 식감을 얻을 수 있다.
4 볼에 노른자, 소금, 생크림, 바닐라 익스트랙트를 넣고 거품기로 섞는다.
5 ④를 ③에 나누어 넣으면서 섞는다.
6 반죽이 적당히 뭉쳐지면 작업대 위에 꺼내 스크레이퍼로 잘라 겹치면서 손바닥으로 눌러 주는 작업을 3~4회 반복한다.
tip 스크레이퍼로 잘라 겹치고 눌러주면 버터가 녹지 않으면서 효율적으로 반죽을 섞을 수 있다.
7 반죽을 랩으로 싸고 냉장고에서 2시간 정도 휴지시킨다.
8 반죽을 손으로 가볍게 주무르면서 동일한 굳기로 만들어준 다음 ①의 아몬드와 헤이즐넛을 넣고 섞는다.
9 300g씩 분할하고 25㎝ 길이의 원통형으로 만든다.
10 황설탕 위에 굴려 표면에 고루 묻힌다.
11 1㎝ 두께로 썰어 철판에 팬닝한다.
tip 일반적으로 오븐에서 쿠키 반죽 가운데가 많이 부풀게 되는데, 팬닝할 때 반죽 가운데를 엄지손가락으로 살짝 눌러주면 평평하게 구울 수 있다.
12 155℃ 컨벡션 오븐에서 15~18분 동안 굽는다.

01 —— 견과류 다지기
03-1 — 차가운 버터 섞기
03-2 — 모래알 크기로 만들기
06 —— 스크레이퍼로 겹치면서 반죽하기
09 —— 원통형으로 만들기
11 —— 팬닝하기

CIGARETTE
시가레트

얇게 구운 쿠키를 동그랗게 만 과자로 그 형태가 궐련을 닮았다고 해서 붙여진 이름이다. 시가레트 반죽(Pâte à cigarette)은 비스퀴 조콩드 등 케이크 시트의 모양을 낼 때 많이 사용한다.
시가레트를 잘 만들기 위해서는 너무 신선하지 않은 수양화된 달걀흰자를 사용하는 것이 좋은데, 흰자의 끈기가 강하면 구웠을 때 부풀어 오르거나 딱딱해지기도 하고 타원형으로 변형되기도 한다. 수양화된 흰자는 가루 재료와도 고루 섞이고 얇게 잘 펴진다. 또 다른 포인트는 가운데를 살짝 덜 굽는 것. 전체가 갈색이 될 때까지 구우면 말기도 전에 딱딱해져 버린다. 오븐에서 꺼낸 시가레트는 식기 전에 재빨리 얇은 봉에 감아 끝부분을 아래로 해서 단단히 눌러줘야 모양이 일정해진다. 뜨거울 때 알루미늄 컵 등에 넣고 모양을 잡아 굳히면 아이스크림 용기로도 사용할 수도 있다.

More details
슈거파우더

설탕을 곱게 갈아 놓은 슈거파우더(Sugar power)는 전분이 들어 있지 않은 순도 100% 슈거파우더와 옥수수전분이 들어 있어 덩어리지지 않는 슈거파우더, 유지로 슈거파우더 입자를 코팅해 수분과 잘 섞이지 않는 데코스노파우더가 있다. 순도 100% 슈거파우더는 습기를 잘 흡수해 쉽게 덩어리지기 때문에 사용 전에 반드시 체에 쳐서 사용해야 한다.
보통 어떤 식감의 과자를 만드느냐에 따라 설탕과 슈거파우더의 사용 용도가 달라지는데, 사블레나 타르트 반죽은 수분이 적기 때문에 설탕을 사용하면 입자가 녹지 않고 남아 거칠거칠한 식감이 되기 쉽다. 여기에 설탕 대신 입자가 고운 슈거파우더를 사용하면 버터나 달걀 등의 재료와 잘 섞이면서도 입 안에서 부드럽게 녹는 과자를 만들 수 있다.

01 —— 녹인 버터와 슈거파우더 섞기
04 —— 동그랗게 짜기
05 —— 철판 두드려 반죽 펴기
07 —— 동그랗게 말기

RECIPE

약 30개 분량

버터 100g
슈거파우더 113g
흰자 75g
바닐라 익스트랙트 1g
박력분 94g

1 35℃ 정도로 녹인 버터에 슈거파우더를 넣고 거품기로 섞는다.

2 35℃ 정도로 데운 흰자를 핸드블렌더 등으로 완전히 푼 다음 2회에 나눠 넣으면서 잘 섞는다.

tip 흰자를 완전히 풀어주지 않으면 흰자의 끈기로 인해 나머지 재료가 잘 섞이지 않는다.

tip 섞는 재료의 온도는 서로 비슷하게 맞춰주는 것이 좋다.

3 바닐라 익스트랙트, 체 친 박력분을 넣고 가루가 남지 않도록 거품기로 잘 섞는다.

4 지름 1㎝ 원형 모양깍지를 끼운 짤주머니에 담고 철판 위에 지름 2~3㎝ 크기로 간격을 넉넉하게 띄우면서 짠다.

5 철판 밑바닥을 손으로 두들기면서 2배 크기로 넓게 편다.

6 180℃ 오븐에서 약 10분 정도 굽는다.

7 오븐에서 꺼낸 즉시 지름 1㎝ 나무봉으로 재빨리 만다.

tip 얇아서 금방 식기 때문에 재빨리 작업해야 한다.

tip 식으면 오븐에서 살짝 데울 수 있지만 여러 번 반복해서 데우면 딱딱하게 굳어 말기 어려워진다.

8 양끝이 겹쳐지는 부분을 아래로 두고 나무봉을 살짝 눌러 붙인다.

9 나무봉을 제거하고 겹쳐진 부분이 아래를 향하도록 모양을 잡아 그대로 식힌다.

TUILES AUX AMANDES
아몬드 튀일

노른자를 많이 사용하는 제과점 특성상 흰자가 남기 마련인데, 이럴 때 만들기 좋은 과자가 바로 튀일이다. 코코넛, 깨 등 다양한 튀일 응용 재료 중 가장 기본은 아몬드. 신선한 아몬드 슬라이스를 사용하고 포크로 얇게 펴서 전체적으로 고른 갈색이 나게 굽는 것이 포인트이다. 튀일은 아이스크림이나 셔벗 등에 장식으로 곁들이기도 하지만 먹을 때 아이스크림의 차가움을 완화시키는 역할도 한다.

More details

껍질 있는 아몬드 슬라이스

아몬드를 껍질째 얇게 슬라이스한 것으로 과자에 사용하면 약간의 쓴맛과 함께 풍미가 상당히 좋아진다. 빵이나 과자 토핑으로도 많이 사용한다. 아몬드와 달리 헤이즐넛 껍질은 소화가 어렵기 때문에 벗겨 사용하는 것이 좋다.

01 ——• 설탕과 바닐라슈거 섞기
02 ——• 거품기로 흰자 풀기
05 ——• 아몬드 슬라이스 섞기
07 ——• 팬닝하기

01 02
05 07

RECIPE

지름 6㎝ 약 45개 분량

설탕 140g
바닐라슈거 2g
흰자 80g
박력분 20g
버터 30g
껍질 있는
아몬드 슬라이스 250g

1 설탕과 바닐라슈거를 섞는다.

2 볼에 실온 상태의 흰자를 넣고 거품기로 잘 푼다.
tip 섞는 재료의 온도는 서로 비슷하게 맞춰주는 것이 좋다.
tip 흰자를 거품기로 잘 풀지 않으면 흰자의 끈기로 인해 나머지 재료가 잘 섞이지 않는다.

3 ①을 넣고 볼 바닥을 긁듯이 거품기로 잘 섞는다.

4 40℃ 정도로 녹인 버터를 넣고 거품기로 섞는다.

5 박력분을 넣고 거품기로 가볍게 섞은 다음 껍질 있는 아몬드 슬라이스를 넣고 고무주걱으로 섞는다.
tip 박력분은 재료들을 이어주면서 모양을 유지시키는 역할을 한다.
tip 껍질 있는 아몬드 슬라이스를 넣어 아몬드의 향과 풍미를 더한다.

6 냉장고에서 3시간 정도 휴지시킨다.
tip 충분히 휴지시키지 않으면 팬닝했을 때 모양이 흐트러지고 반죽이 흘러내린다.

7 철판 위에 실리콘 패드를 깔고 지름 6㎝ 크기로 가공한 아크릴판을 올린 다음 반죽을 얇게 팬닝한다.
tip 포크 2개를 사용하면 반죽을 일정하면서도 평평하게 펼 수 있다.

8 180℃ 컨벡션 오븐에서 10분 동안 굽는다.

TUILES À LA NOIX DE COCO

코코넛 튀일

프랑스어로 '기와(Tuile)'라는 뜻의 튀일은 구워진 모양이 기와처럼 생겨 이름 붙여진 프랑스 전통 쿠키이다. 튀일은 보통 달걀 흰자만 사용하는 레시피가 대부분인데, 코코넛 튀일에는 달걀 노른자까지 넣어 고소함을 더하고 아몬드 튀일보다 약간 도톰하게 구워 씹히는 맛을 강조한 것이 특징이다.

RECIPE

지름 6㎝ 약 55개 분량

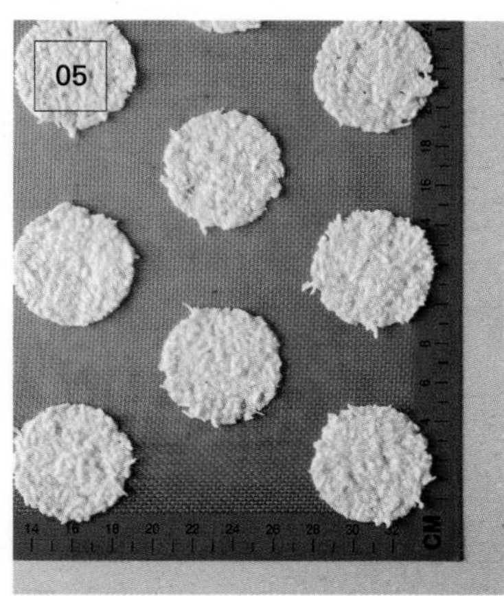

05 ——• 팬닝하기

달걀 200g, 설탕 250g, 버터 30g, 코코넛 슬라이스 250g

1 볼에 실온 상태의 달걀을 넣고 거품기로 잘 푼다.
tip 섞는 재료의 온도는 서로 비슷하게 맞춰주는 것이 좋다.
tip 흰자를 거품기로 잘 풀지 않으면 흰자의 끈기로 인해 나머지 재료가 잘 섞이지 않는다.

2 설탕을 넣고 거품기로 볼 바닥을 긁듯이 저으면서 잘 섞는다.

3 40℃ 정도로 녹인 버터를 넣고 거품기로 섞는다.

4 잘게 부순 코코넛 슬라이스를 넣고 고무주걱으로 섞은 다음 냉장고에서 3시간 정도 휴지시킨다.
tip 충분히 휴지시키지 않으면 팬닝했을 때 모양이 흐트러지고 반죽이 흘러내린다.

5 철판 위에 실리콘 패드를 깔고 지름 6㎝ 크기로 가공한 아크릴판을 올린 다음 반죽을 얇게 팬닝한다.
tip 포크 2개를 사용하면 반죽을 일정하면서도 평평하게 펼 수 있다.

6 180℃ 컨벡션 오븐에서 10분 동안 굽는다.

MERINGUE À LA FRAISE

딸기 머랭

은은한 딸기 향과 함께 입 안에서 바삭하게 부서져 사르르 녹는 달콤하면서도 가벼운 머랭 과자. 흰자에 비해 설탕량이 적어 거품을 낼 때 조금 빨리 설탕을 넣어주는 것이 안정적인 머랭을 만들 수 있는 비결이다. 템퍼링한 다크초콜릿에 머랭 밑부분을 살짝 담갔다가 굳히면 또 다른 버전의 딸기 머랭이 된다.

RECIPE

지름 3㎝ 약 80개 분량

01 —— 가루 재료 체 치기

슈거파우더 210g, 냉동건조딸기파우더 60g, 코코넛 슬라이스 6g
흰자 250g, 설탕 94g, 적색 색소 소량

1 슈거파우더와 냉동건조딸기파우더를 함께 체 친 다음 잘게 부순 코코넛 슬라이스를 넣고 섞는다.
2 믹서볼에 실온의 흰자를 넣고 살짝 거품을 낸 다음 설탕을 2~3회에 나누어 넣으면서 거품기로 휘핑해 끝이 휘어지는 부드러운 머랭을 만든다.
tip 흰자에 비해 설탕량이 적어 거품을 낼 때 조금 빨리 설탕을 넣으면 안정적인 머랭을 만들 수 있다(p.40 참조).
3 큰 볼에 옮겨 담고 ①과 적색 색소를 넣은 다음 고무주걱으로 가볍게 섞는다.
4 지름 1㎝ 원형 모양깍지를 끼운 짤주머니에 담고 철판을 깐 유산지 위에 지름 3㎝ 크기의 돔형으로 짠다.
5 뾰족한 끝부분은 손가락으로 살짝 눌러준다.
tip 끝이 뾰족하면 포장할 때 부러지기 쉽다.
6 80℃ 컨벡션 오븐에 넣고 150~180분 정도 굽는다.
tip 수분이 남아 있지 않도록 낮은 온도에서 말리듯이 충분히 굽는다.

MERINGUE À LA NOIX DE COCO

코코넛 머랭

코코넛을 넣어 고소한 맛과 씹히는 식감을 더한 머랭 과자이다. 코코넛 머랭의 가장 큰 특징은 서서히 온도를 올려가면서 충분히 구워 머랭을 캐러멜화시키는 것인데, 이렇게 구우면 머랭의 단맛은 줄어들고 풍미 또한 개선되어 오뗄두스만의 특별한 머랭이 완성된다. 캐러멜의 친근한 맛과 가벼운 식감 또한 아주 좋다.

RECIPE

지름 3.5㎝ 약 80개 분량

01 ——→ 슈거파우더와 코코넛 슬라이스 섞기

슈거파우더 180g, 코코넛 슬라이스 66g, 흰자 240g, 설탕 120g

1. 슈거파우더와 잘게 부순 코코넛 슬라이스를 섞는다.
2. 믹서볼에 실온의 흰자와 1/5 정도의 설탕을 넣고 거품기로 휘핑한다.
   tip 머랭을 만들 때는 흰자에 설탕을 여러 차례 나눠 넣는다(p.40 참조).
3. 어느 정도 거품이 올라오면 1/2 정도의 설탕을 넣고 거품기로 휘핑한다.
4. 70% 정도 거품이 나면 나머지 설탕을 넣고 휘핑해 끝이 약간 휘어지면서 단단하고 윤기 나는 머랭을 만든다.
5. 큰 볼에 옮겨 담고 ①을 넣은 다음 고무주걱으로 가볍게 섞는다.
6. 지름 1.5㎝ 원형 모양깍지를 끼운 짤주머니에 담고 유산지 위에 지름 3.5㎝ 크기의 돔형으로 짠다.
7. 뾰족한 끝부분은 손가락으로 살짝 눌러준다.
   tip 끝이 뾰족하면 포장할 때 부러지기 쉽다.
8. 90℃ 컨벡션 오븐에 넣고 80℃로 내려 60분, 90℃에서 60분, 100℃에서 30분, 120℃에서 30분 정도 굽는다.
   tip 수분이 남아 있지 않도록 낮은 온도에서 말리듯이 충분히 굽는다.
   tip 머랭이 캐러멜화되어 부드러운 단맛을 얻을 수 있고 풍미 또한 좋아진다.

MERINGUE AUX AMANDES
아몬드 머랭

단단하고 윤기 나게 휘핑한 머랭을 120℃ 오븐에서 8시간 구웠다. 유럽의 제과점에서는 커다랗고 투박한 머랭을 바구니에 쌓아두고 파는 것을 흔히 볼 수 있는데, 오랜 시간 천천히 구워 수분이 거의 남아 있지 않기 때문에 매장에서 오픈해 판매해도 쉽게 눅눅해지지 않는다. 또한 유럽에서는 아이스크림을 먹을 때 머랭을 한입 베어 물며 차가워진 입 안을 달래기도 한다고. 설탕 함량이 높지만 캐러멜화되어 많이 달지 않고 껍질 있는 아몬드 슬라이스로 고소한 풍미를 더했다.

More details

바닐라 익스트랙트

바닐라(Vanilla)는 난초과의 덩굴 식물로 난초 중 유일하게 식용이 가능한 품종이다. 가늘고 긴 꼬투리 모양의 열매를 미숙한 초록색일 때 따서 가열하고 발효시키면 독특하고 달콤한 향이 생긴다.

바닐라 익스트랙트(Vanilla extract)는 이 바닐라 빈을 알코올에 담가 향을 추출한 다음 여과한 다갈색의 액체로 에센스와 오일이 있다. 바닐라 에센스(Vanilla essence)는 향 성분을 알코올에 녹인 것으로 물에 잘 녹으므로 푸딩, 무스와 같은 수분이 많은 반죽에 적합하다. 바닐라 오일(Vanilla oil)은 향 성분을 유지에 녹인 것으로 유용성이므로 버터 함량이 높은 반죽에 적합하다. 특히 내열성이 높아 구움과자에 주로 사용한다. 바닐라 익스트랙트는 많이 넣으면 향이 너무 강하거나 뒷맛이 남는 경우가 있으므로 주의한다.

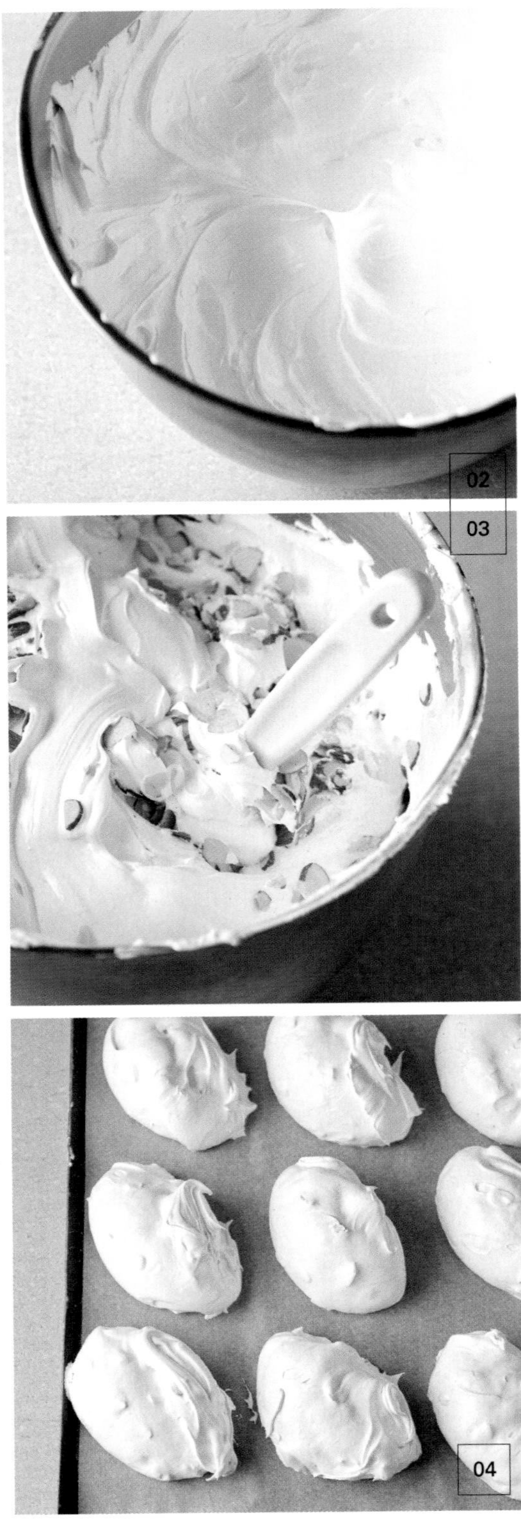

02 ——• 윤기 나는 머랭 만들기
03 ——• 아몬드 슬라이스 섞기
04 ——• 팬닝하기

RECIPE

약 12개 분량

흰자 400g
설탕 400g
슈거파우더 400g
바닐라 익스트랙트 5g
껍질 있는 아몬드 슬라이스 106g

1 믹서볼에 흰자, 설탕, 슈거파우더를 넣고 중탕에 올려 거품기로 저어주면서 45℃까지 데운다.
2 믹서의 고속으로 휘핑하면서 끝이 뾰족하게 서고 단단하면서도 윤기 나는 머랭을 만든다.
3 바닐라 익스트랙트를 넣고 섞은 다음 껍질 있는 아몬드 슬라이스를 넣고 고무주걱으로 섞는다.
tip 껍질 있는 아몬드 슬라이스를 넣어 아몬드의 향과 풍미를 더한다.
4 스크레이퍼로 적당한 양을 떠서 유산지를 깐 철판 위에 올린다.
5 120℃ 컨벡션 오븐에서 8시간 정도 굽는다.
tip 오랜 시간 구우면 습기에도 강해져 매장에서 트레이 등에 쌓아 두고 오픈해서 판매할 수도 있다.
tip 머랭이 캐러멜화되어 부드러운 단맛을 얻을 수 있고 풍미 또한 좋아진다.

More details

달걀과 머랭

과자에 사용하는 달걀의 개당 무게는 보통 60g으로 껍질 10g, 흰자 30g, 노른자 20g 정도이다. 흰자는 공기를 포집하는 기포성이 뛰어나고 노른자는 유지와 수분을 섞어주는 유화성이 있다. 머랭(Meringue)은 이러한 흰자의 기포성을 이용해 설탕을 넣고 거품 낸 것으로, 아몬드파우더 등의 가루 재료나 향을 섞어 낮은 온도의 오븐에서 건조시켜 구운 것 역시 머랭이라고 부른다.

쉽게 휘핑하려면 반죽 온도를 높인다

제누아즈 등을 만들 때 반죽 온도가 낮으면 설탕이 잘 녹지 않고 거품을 내기도 어렵다. 중탕으로 반죽 온도를 높이면 달걀의 표면장력이 약해져 거품 내기가 쉬워진다. 대신 큰 기포가 많이 생기는데, 이 큰 기포를 믹서의 저속으로 천천히 휘핑하면서 고운 기포로 만들어 주는 과정이 중요하다. 큰 기포가 많은 반죽은 구우면 퍼석퍼석하고 탄력이 부족하다.

싱싱한 흰자 VS 오래된 흰자

싱싱한 흰자는 끈기와 탄력이 강해서 좀처럼 거품이 일지 않지만 기포의 안정성은 뛰어나다. 입자가 곱고 안정성이 뛰어난 머랭을 만들고 싶다면 신선한 흰자를 사용한다. 반면에 오래된 흰자는 끈기와 표면장력이 약해서 공기를 쉽게 끌어 들인다. 때문에 거품은 쉽게 일지만 전체적으로 힘이 없고 안정성이 떨어진다. 기포의 힘이 너무 강하면 터져버리는 마카롱은 오래된 흰자를 사용하는 것이 좋다.

MERINGUE

차가운 흰자 VS 실온의 흰자

차가운 흰자는 표면장력이 강해서 휘핑하는 데 시간이 걸린다. 그러나 그만큼 단단한 거품을 올릴 수 있다. 기포가 단단하므로 가루 재료와 혼합할 때 잘 섞어야 한다. 공기를 많이 포함하고 있으므로 가벼운 식감의 반죽이 된다. 다쿠아즈와 같이 가벼운 식감을 원할 경우 차가운 상태의 흰자를 사용하는 것이 좋다.
실온의 흰자는 차가운 흰자에 비해 표면장력이 약해서 거품이 빨리 일지만 기포의 안정성은 떨어진다. 기포의 힘이 약하기 때문에 가루 재료와 혼합할 때 너무 섞지 않도록 주의해야 한다.

머랭, 설탕의 양과 타이밍이 중요하다

어떤 머랭을 만들 것인가에 따라 흰자에 넣는 설탕의 양과 타이밍이 달라진다. 설탕은 흰자의 수분을 흡수해 거품을 안정시킨다. 설탕을 넣음으로써 흰자에 끈기가 생기고, 거품을 내기는 힘들어지지만 치밀하고 안정된 거품을 만들 수 있다.
흰자에 설탕을 넣지 않고 거품을 내면 단시간에 큰 거품이 만들어지지만 안정성이 나빠져 꺼지기 쉽다. 또한 설탕을 처음에 전부 넣으면 흰자에 끈기와 탄력이 생겨 거품 내기가 힘들어지고, 완전하게 거품을 낸 다음 설탕을 넣으면 거품이 가라앉아 버린다.
흰자 대비 설탕량이 10~20% 정도로 적을 때는 거품이 쉽게 만들어지지만 안정성이 떨어진다. 때문에 휘핑 초반에 설탕을 넣어 곱고 안정되면서 탄력 있는 머랭을 만든다.
흰자 대비 설탕량이 50%인 경우 처음부터 설탕을 넣지 않아도 안정된 머랭을 만들 수 있다. 이때는 흰자의 거품을 어느 정도 낸 다음 설탕을 조금씩 나눠 넣으면서 휘핑하는 것이 좋다. 설탕이 흰자 대비 100%일 경우 처음에 설탕을 넣으면 거품이 일지 않는다. 설탕의 양이 많을 때는 반드시 여러 차례에 걸쳐 나눠 넣어야 한다. 이렇게 만든 머랭은 입자가 촘촘하고 무거운 느낌으로, 굽는 머랭과자에 적합하다. 설탕의 양을 줄이거나 최대한 늦게 넣으면 거품이 거칠고 다소 불안정하지만 그렇다고 실패한 머랭은 아니다. 구웠을 때 쉽게 부서지며 입에서 녹는 감촉이 좋으므로 이런 식감을 필요로 하는 과자에 적절하게 사용한다.

이탈리안 머랭의 시럽 타이밍이 볼륨을 결정한다.

이탈리안 머랭의 경우 시럽을 넣는 타이밍이 중요한데, 흰자를 믹서의 중속으로 휘핑하는 동시에 시럽을 불에 올려 끓이기 시작해야 하고, 흰자가 80% 정도 올라왔을 때 118~120℃의 끓인 시럽을 흘려 넣으면서 고속으로 휘핑한다. 흰자의 거품을 충분히 올리지 않은 상태에서 시럽을 넣으면 볼륨감 없는 이탈리안 머랭이 된다. 시럽으로 만드는 버터 크림의 경우도 마찬가지이다.

끓인 시럽은 반드시 거품을 올린 다음 넣는다

이탈리안 머랭이나 버터 크림을 만들 때는 끓인 시럽을 넣기 전에 흰자나 달걀의 거품을 먼저 올려야 하는데, 뜨거운 시럽이 거품에 의해 직접적으로 닿지 않아 흰자나 달걀이 익는 것을 방지하기 때문이다.

유지는 흰자의 거품을 방해한다

노른자는 유지를 함유하고 있어 흰자에 노른자가 섞이면 거품 생성을 방해한다. 또한 볼이나 거품기 등의 도구에 유지가 부착되어 있어도 거품이 나지 않으므로 머랭을 만들 때는 기름기가 남아 있지 않도록 잘 씻어 사용한다.

LANGUE DE CHAT
랑그 드 샤

프랑스어로 '고양이 혀'라는 뜻의 쿠키이다. 버터를 듬뿍 넣은 반죽을 아주 얇은 타원형으로 굽는데, 그 모양과 까칠까칠한 질감이 고양이 혀를 연상시킨다고 해서 이런 이름이 붙었다. 우리나라 관광객들이 일본 여행에서 선물용으로 많이 사오는 '하얀 연인(白い恋人)'이라는 쿠키가 바로 두 장의 랑그 드 샤 사이에 화이트초콜릿을 넣은 제품이다.
이 책에서는 아크릴판을 이용해 동그랗게 구운 다음 아몬드 프랄리네와 밀크초콜릿을 샌드해서 맛과 모양을 한층 고급스럽게 완성했다.

More details
아몬드파우더

오뗄두스에서는 과자에 따라 일반 아몬드파우더, 굵게 간 아몬드파우더, 껍질 있는 아몬드파우더 3종류로 나눠 사용한다. 동일한 재료지만 굵기를 다르게 하거나 껍질까지 쓰게 되면 같은 레시피의 과자도 표정과 볼륨, 풍미 등이 달라질 수 있다.
아몬드파우더는 빻는 과정에서 유분이 나와 산화가 쉽게 진행되기 때문에 빛이 들지 않는 건조하고 시원한 장소에 밀봉해서 보관하고 되도록 빨리 사용하는 것이 좋다.

10 ——→ 핸드블렌더로 흰자 풀기
12 ——→ 팬닝하기
13 ——→ 오븐에서 굽기
15 ——→ 초콜릿 샌드하기

RECIPE

지름 5㎝ 약 30개 분량(샌드한 것)

아몬드 프랄리네
통아몬드 200g
설탕 100g

샌드용 초콜릿
밀크초콜릿 150g
아몬드 프랄리네 150g

반죽
버터 150g
설탕 162g
아몬드파우더 48g
슈거파우더 48g
흰자 200g
박력분 150g

아몬드 프랄리네

1 160℃ 컨벡션 오븐에서 아몬드 단면이 갈색이 될 때까지 충분히 굽는다.
2 동냄비에 설탕을 넣고 불에 올려 캐러멜을 만든다.
3 ①의 아몬드를 넣고 섞은 다음 실리콘패드 위에 펼쳐 식힌다.
4 푸드프로세서에 넣고 곱게 갈아 페이스트를 만든다.
tip 프랄리네(Praliné)는 아몬드, 헤이즐넛 등의 구운 견과류에 설탕으로 만든 캐러멜을 묻혀 페이스트 상태로 곱게 간 것이다. 직접 만들어 사용하면 견과류의 고소한 맛과 향이 배가된다.

샌드용 초콜릿

5 40℃로 녹인 밀크초콜릿에 40℃로 데운 아몬드 프랄리네를 넣고 고무주걱으로 섞는다.
6 짤주머니에 담는다.

반죽

7 믹서에 포마드 상태의 버터를 넣고 비터로 부드럽게 푼다.
8 설탕을 넣고 비터로 섞는다.
9 함께 체 친 아몬드파우더, 슈거파우더를 넣고 섞는다.
10 실온 상태의 흰자를 핸드블렌더로 완전히 푼 다음 2회에 나눠 넣으면서 잘 섞는다.
tip 섞는 재료의 온도는 서로 비슷하게 맞춰주는 것이 좋다.
tip 흰자를 핸드블렌더로 풀면 수양화되어 재료가 잘 섞인다.
11 실리콘패드 위에 지름 5㎝, 두께 3㎜ 크기로 가공한 아크릴판을 올린다.
12 반죽을 부은 다음 L자형 스패튤러를 이용해 일정한 두께로 평평하게 편다.
tip 두께가 일정해야 구웠을 때 색이 고르게 난다.
13 아크릴판을 제거하고 철판에 실리콘패드를 옮긴 다음 200℃ 오븐에서 약 5분 정도 굽는다.
14 완전히 식으면 실리콘패드에서 떼어낸다.
15 바닥에 ②의 샌드용 초콜릿을 나선형으로 짜고 다른 1장의 바닥을 마주 보게 겹친다.

SABLÉ BRETON
사블레 브르통

갈레트 브르톤(Galette bretonne)은 프랑스 브르타뉴 지방의 전통 명과(銘菓)로 평평하고 둥근 모양의 짭짤한 맛이 특징이다. 5세기 색슨인에 의해 영국에서 쫓겨나 브르타뉴에 정착한 켈트계 브리튼인이 영국과자인 쇼트브레드에 브르타뉴 특유의 가염버터를 듬뿍 가미해 만든 것이 갈레트 브르톤의 시초라고 한다. 지금은 프랑스 슈퍼마켓에서 흔히 볼 수 있는 아주 대중적인 과자이다. 이외에도 대서양의 풍부한 바람과 태양, 온난한 기후가 선사한 게랑드 명품 소금, 신선한 버터와 우유, 크림으로 만든 퀴니아망, 소금캐러멜, 크레프 등 브르타뉴를 대표하는 과자들이 상당하다.
이 책에서 소개하는 사블레 브르통은 갈레트 브르톤에 비해 조금 더 부서지기 쉬운 가벼운 식감으로, 프로마주 블랑과 럼을 넣어 자칫 밋밋해질 수 있는 맛을 보완했다. 베이킹파우더가 들어 있어 반죽이 많이 부풀 수 있기 때문에 틀에 넣어 구운 다음 빼서 식힌다.

More details

프로마주 블랑

프로마주 블랑(Fromage blanc)은 코티지치즈나 크림치즈 같은 프레시 치즈의 일종이다. '하얀 치즈'라는 이름 그대로 순백의 크림 형태이며 프랑스 프레시 치즈의 대명사이다. 우유를 유산균 발효시킨 후 응고시켜 약간의 탈수만 시킨 제품으로, 숙성시키지 않았기 때문에 풍미에 특징이 없다. 요구르트와 유사한 산미가 있지만 더욱 부드럽고 깊은 맛이 있다.

02 ——• 틀에 설탕 뿌리기
07 ——• 비터로 반죽 섞기
08 ——• 원통형으로 만들기
09 ——• 팬닝하기

RECIPE

지름 7㎝ 약 30개 분량

박력분 200g
탈지분유 8g
베이킹파우더 7g
버터 200g
설탕 120g
소금 2g
노른자 48g
프로마주 블랑 8g
럼 20g
바닐라 빈(타히티산) 2g

1 박력분, 탈지분유, 베이킹파우더를 함께 2번 체 친다.
tip 가루 재료를 체에 치면 가루 사이에 공기가 들어가 다른 재료와 잘 섞이기 때문에 불필요하게 많이 섞지 않아도 된다.
2 틀 바닥에 설탕(분량 외)을 적당히 뿌린다.
tip 설탕을 뿌리면 구울 때 버터가 흘러나오지 않고 식감도 바삭해진다.
3 믹서볼에 포마드 상태의 버터를 넣고 비터로 부드럽게 푼다.
4 설탕, 소금을 넣고 섞는다.
5 노른자를 조금씩 나누어 넣으면서 섞는다.
6 프로마주 블랑을 넣고 섞는다.
7 럼, 바닐라 빈을 넣고 섞은 다음 냉장고에서 하룻밤 정도 휴지시킨다.
tip 바닐라 빈은 반을 갈라 칼끝으로 긁어낸 씨 부분을 사용한다.
8 500g씩 분할해 30㎝ 길이의 원통형으로 만든다.
9 개당 약 28g이 되도록 썰어 ②의 틀에 팬닝한다.
10 실온에서 30분 정도 그대로 두었다가 150℃ 컨벡션 오븐에서 30분 동안 굽는다.

SPÉCULOOS
스페퀼로스

벨기에의 전통과자 스페퀼로스. 우리에겐 커피와 함께 먹는 로투스(Lotus) 쿠키로 더 익숙하다. 향신료가 듬뿍 든 이 과자는 영국에서는 진저브레드(Gingerbread), 네덜란드에서는 스페큘라스(Speculaas), 독일에서는 레브쿠헨(Lebkuchen), 프랑스에서는 팽 데피스 달자스(Pain d'épices d'Alsace)라고 불리며 다양한 모양으로 만들어지는데, 성 니콜라스를 모티프로 한 것이 주를 이룬다. 성 니콜라스는 3세기부터 4세기에 걸쳐 실존했다고 알려진 그리스도교의 성인으로 뱃사람과 어린이의 수호신으로 유명하다. 때문에 성 니콜라스는 특히 벨기에, 네덜란드, 독일, 영국 등 해안 연안 국가에서 더 찬양받고 있으며 성 니콜라스의 순절인 12월 6일에는 성 니콜라스 모양의 스페퀼로스를 아이들에게 나눠주는 풍습이 있다.

More details
나무 틀

매년 성 니콜라스 축일인 12월 6일이 다가오면 유럽의 과자점에는 작은 것은 길이 20㎝, 큰 것은 1m 이상의 스페퀼로스가 진열된다. 그래서 옛날부터 이 과자를 성형하기 위한 나무 틀도 많이 만들어졌다. 나무 틀은 성 니콜라스 외에 꽃, 물고기, 토끼 등 다양한 모양이 있다. 나무 틀이 없다면 밀어 펴 자르거나 쿠키 틀로 찍어서 구워도 된다.

More details
마스코바도

설탕과 마스코바도의 차이점은 정제와 비정제로 구분할 수 있다. 마스코바도(Muscovado)는 사탕수수를 압착한 뒤 졸이고 식혀서 가루로 만드는 비교적 간단한 과정을 거친다. 정제하지 않아 미네랄이 풍부하고 풍미가 살아 있는 마스코바도를 쿠키나 파운드 등의 구움과자에 사용하면 맛이 더욱 깊어진다. 설탕에 비해 단맛이 적고 잘 녹지 않는 단점도 있다.

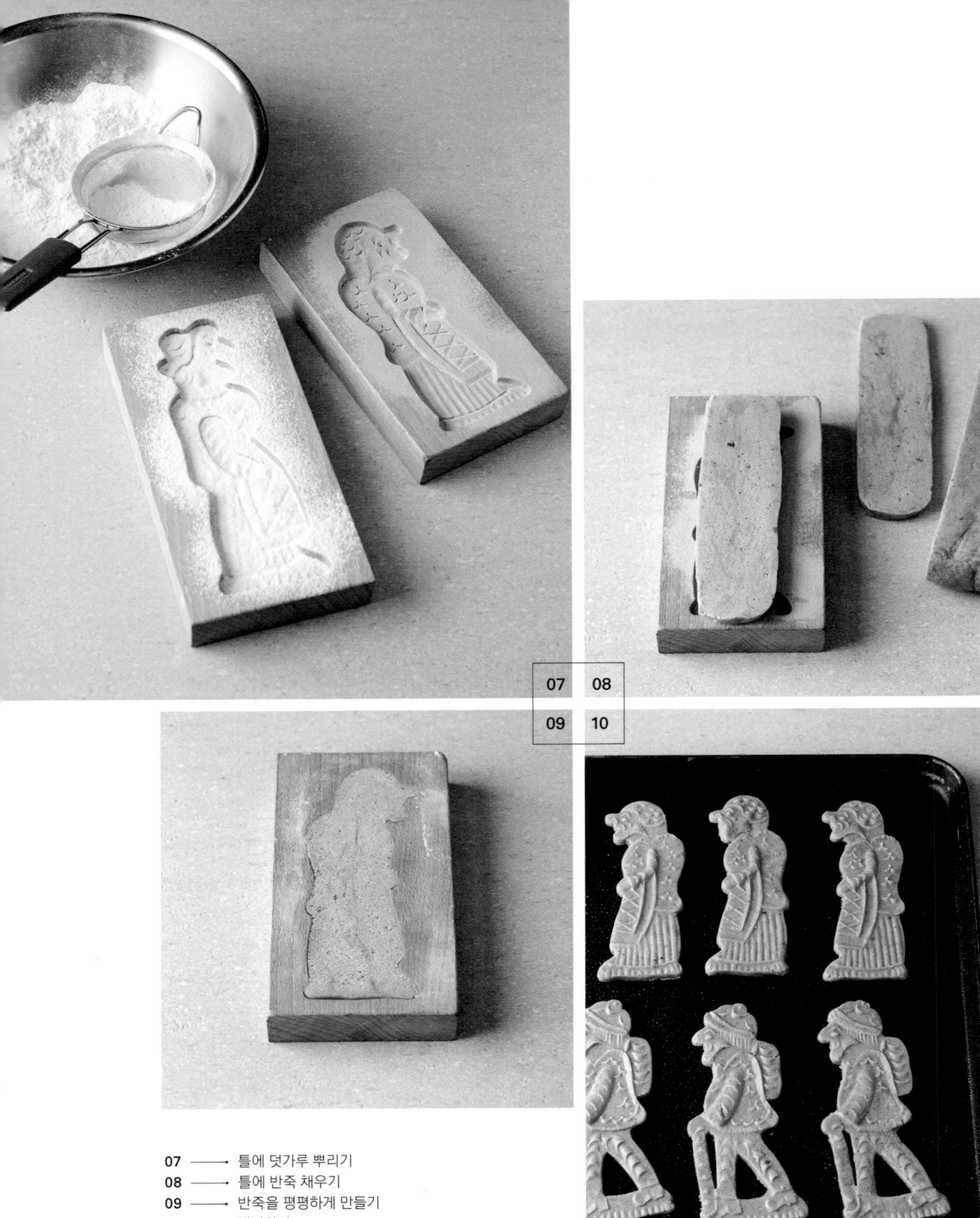

07 ——→ 틀에 덧가루 뿌리기
08 ——→ 틀에 반죽 채우기
09 ——→ 반죽을 평평하게 만들기
10 ——→ 팬닝하기

RECIPE

6×18㎝ 약 40개 분량

버터 250g
설탕 375g
마스코바도 125g
바닐라슈거 10g
시나몬파우더 8g
넛메그파우더 2g
아니스파우더 1g
생강파우더 1g
소금 1g
우유 125g
바닐라 익스트랙트 소량
박력분 375g
강력분 375g
베이킹파우더 5g

1 믹서볼에 포마드 상태의 버터를 넣고 비터로 부드럽게 될 때까지 푼다.

2 설탕, 마스코바도, 바닐라슈거, 시나몬파우더, 넛메그파우더, 아니스파우더, 생강파우더, 소금을 넣고 섞는다.
tip 향신료의 종류와 양은 기호에 맞게 조절할 수 있다.

3 실온 상태의 우유를 3~4회에 나누어 넣으면서 섞는다.

4 바닐라 익스트랙트를 넣고 섞는다.

5 함께 체 친 박력분, 강력분, 베이킹파우더를 넣고 섞는다.
tip 박력분과 강력분을 함께 사용하면 경쾌하게 바삭한 식감을 낼 수 있다.

6 스페퀼로스 틀 길이에 맞게 반죽을 뭉쳐 랩으로 싼 다음 냉장고에서 굳을 때까지 3시간 정도 휴지시킨다.
tip 반죽을 틀 길이에 맞게 만들어 굳히면 성형할 때 편리하다.

7 스페퀼로스 틀에 덧가루를 충분히 뿌리고 뒤집어서 얇게 밀가루를 입힌다.
tip 덧가루는 강력분을 사용한다. 덧가루는 끈적거리거나 달라 붙는 것을 방지하기 위해 뿌리는데, 입자가 가늘어 반죽에 스며드는 박력분보다 조금 더 입자가 굵은 강력분이 적당하다.

8 반죽을 적당한 두께로 잘라 틀 위에 올리고 손가락으로 눌러가면서 구석구석 반죽을 채운다.

9 식칼 등의 두꺼운 칼로 틀 두께에 맞춰 평평하게 나머지 반죽을 잘라낸다.
tip 칼날이 두꺼우면 휘어지지 않아서 딱딱한 반죽을 일정한 두께로 자를 수 있다.

10 철판에 반죽을 팬닝하고 분무기로 물을 뿌린다.
tip 반죽에 물을 뿌려 묻어 있는 덧가루를 없앤다.

11 170℃ 컨벡션 오븐에서 약 15분 정도 굽는다.

PALMIER
팔미에

'엄마손파이'의 원조 팔미에. 프랑스어로 '종려나무'라는 뜻으로 파이 반죽을 양끝에서 가운데로 접어 구운 모양이 종려나무의 잎을 닮아 붙여진 이름이다. 설탕을 양면에 뿌리면서 접기 때문에 손이 많이 가지만 까다로운 공정만큼 고객들의 반응도 좋아 만들고 나면 뿌듯해지는 과자이기도 하다.
냉동고에서 굳혀 일정한 두께로 자르고 앞뒤로 뒤집어주면서 고른 색이 나도록 굽는 것이 포인트이다. 프랑스 제과점에서는 사람 얼굴 만한 커다란 크기의 팔미에를 만들어 판매하기도 한다.

More details

푀이타주

푀유(Feuille)는 나뭇잎, 또는 종잇장이라는 뜻이며, 푀이타주(Feuilletage)는 버터와 반죽이 여러 층으로 겹쳐진 접이형 파이 반죽을 가리킨다. 밀가루, 소금, 물로 만든 반죽에 버터를 싸고 길게 늘여서 만드는 것이 가장 정통적인 방법이다. 푀이타주에 사용하는 롤인용 버터는 플라스틱성이 뛰어나고 끈기와 신축성이 좋아 잘 늘어나기 때문에 접는 반죽에 적합하다. 일반 버터는 밀어 펼 때 쉽게 끊어지고 녹는 등 작업성이 떨어진다. 밀푀유와 팔미에가 푀이타주로 만든 대표적인 과자이다.
푀이타주 라피드(Feuilletage rapide)는 밀가루에 잘게 썬 차가운 버터, 소금, 물을 넣고 섞은 다음 늘여 접는 속성형 파이 반죽이다. 잘 부풀어 오르고 식감이 단단한 편으로 수분이 있는 애플파이나 미트파이 등의 반죽으로 많이 사용한다.

03
04
05
06
08
09

RECIPE

약 16개 분량

강력분 413g
박력분 150
롤인용 버터 270g
찬물 240g
식초 2.4g
소금 11g
버터 113g

1 강력분과 박력분을 함께 2번 체 친다.
2 롤인용 버터는 20×20㎝ 크기의 정사각형으로 밀어 편다.
tip 롤인용 버터는 플라스틱성이 뛰어나 파이나 접는 용으로 적합하며 끈기와 신축성이 좋다.
3 볼에 ①의 가루 재료, 찬물, 식초와 소금 섞은 것을 한꺼번에 넣고 손으로 섞는다.
tip 찬물은 밀가루의 글루텐 형성을 더디게 하고 바삭한 식감을 더해준다.
tip 식초는 반죽이 잘 늘어나게 하고 변색되는 것을 방지한다.
tip 질퍽하지 않고 된 반죽이 되도록 물의 양을 조절한다.
4 30℃로 녹인 버터를 넣고 한 덩어리가 되도록 섞는다.
tip 반죽을 지나치게 섞으면 글루텐이 형성되므로 주의한다.
5 작업대 위에 젖은 천을 올리고 반죽을 싼 다음 실온에서 2시간 동안 휴지시킨다.
tip 젖은 천에 싸서 휴지시키면 반죽이 마르지 않는다.
tip 냉장고에서는 버터가 굳어버려 수분이 고루 퍼지지 않으므로 실온에서 휴지시킨다.
6 반죽을 둥글려 격자 무늬로 깊숙하게 여러 번 칼집을 넣는다.
tip 형성된 글루텐을 잘라 끈기가 약해지면 바삭한 식감이 더해진다.
7 비닐로 감싸 냉장고에서 3시간 동안 휴지시킨 다음 실온에 10분 정도 둔다.
8 직사각형으로 밀어 편 다음 ②의 롤인용 버터를 올리고 반죽을 반으로 접어 감싼다.
9 3면의 이음매를 잘 봉한 다음 비닐로 감싸 냉장고에서 1시간 동안 휴지시킨다.

03 ——• 손으로 반죽 섞기
04 ——• 녹인 버터 넣고 섞기
05 ——• 젖은 천으로 반죽 싸기
06 ——• 반죽에 칼집 넣기
08 ——• 롤인용 버터 넣고 싸기
09 ——• 냉장고에서 휴지시키기

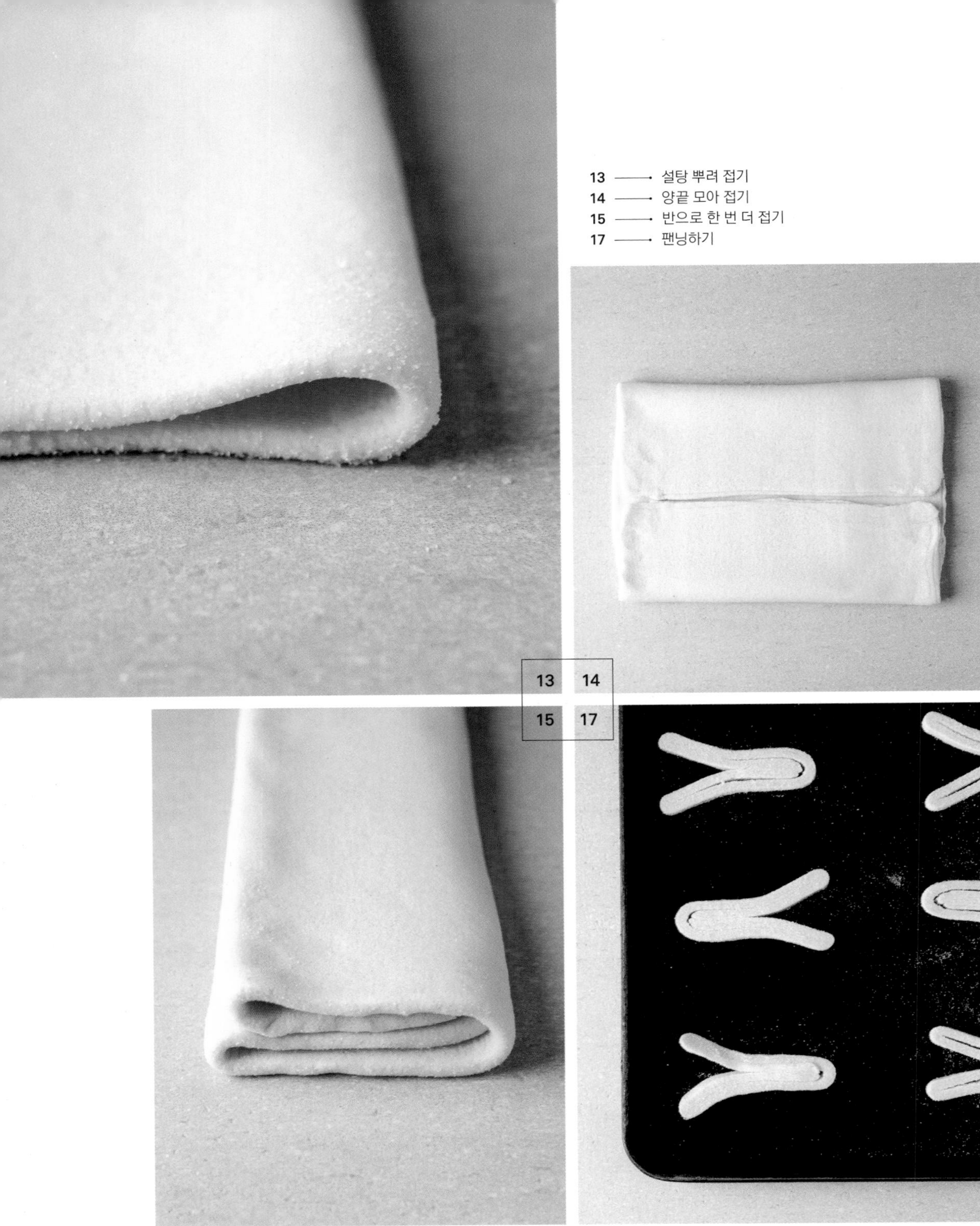

13 —— 설탕 뿌려 접기
14 —— 양끝 모아 접기
15 —— 반으로 한 번 더 접기
17 —— 팬닝하기

10 실온에 10분 정도 두고 반죽과 버터의 굳기를 비슷하게 만든 다음 덧가루를 뿌려가며 5㎜ 두께로 밀어 편다.
tip 덧가루로는 입자가 가늘어 반죽 속에 스며드는 박력분보다 입자가 조금 더 굵고 잘 뭉쳐지지 않는 강력분이 적당하다. 덧가루 사용은 최소한으로 하고 마른 붓으로 여분의 덧가루를 제거하면서 접는다. 덧가루를 필요 이상으로 많이 사용하면 식감이 나빠진다.
tip 광목 위에서 작업하는 것을 추천한다.

11 3등분해서 3절 접기를 하고 냉장고에서 30분씩 휴지시키면서 3절 접기 2회를 한다(3절 접기 3회).
tip 접을 때마다 반죽을 90°로 회전시킨다.

12 반으로 잘라 냉동고에서 휴지시킨다.

13 양면에 설탕(분량 외)을 뿌리고 3절 접기를 한 다음 냉장고에서 30분씩 휴지시키면서 3절 접기 2회를 한다(3절 접기 6회)
tip 접을 때마다 반죽을 90°로 회전시키고 설탕을 양면에 뿌린다.

14 냉장고에서 30분 동안 휴지시킨 다음 반죽 양끝을 가운데로 모아 접는다.

15 다시 반으로 접은 다음 냉동고에서 굳힌다.
tip 냉동고에서 단단하게 굳혀야 일정한 두께로 자르기 쉽다.

16 9㎜ 두께로 자르고 앞뒤로 설탕(분량 외)을 묻힌다.

17 철판 위에 올리고 양끝을 벌린 다음 170℃ 오븐에서 18~19분 동안 굽는다.
tip 양끝을 벌리지 않으면 모양이 흐트러지거나 가운데가 부풀어 오른다.
tip 색깔이 나기 시작하면 뒤집어서 5분 정도 구운 다음 다시 뒤집어 전체적으로 고른 색이 나도록 한다.

More details

버터

과자에 사용하면 풍부한 향과 깊은 맛을 내는 버터. 차가운 버터를 밀가루와 보슬보슬하게 섞거나 포마드 상태로 달걀, 설탕과 부드럽게 휘핑하기도 하고 녹여서 반죽에 넣는 등 만드는 과자에 따라 버터의 상태를 다르게 해야 하고 이는 곧 제품의 완성도에 직결된다. 버터는 한 번 녹이면 수분과 유지가 분리되어 다시 굳혀도 원래 상태로 돌아오지 않고 풍미와 식감이 나빠지는 등 본래의 성질을 잃어버린다.

오뗄두스에서는 구움과자를 만들 때 기본적으로 엘르앤비르사(社)의 버터를 사용한다. 엘르앤비르의 버터는 맛이 진하고 깊으며 수분량이 적어 타르트 반죽이나 쿠키 등에 쓰면 완성도와 풍미가 좋아진다.

BUTTER

가염버터 VS 무염버터

버터는 1.5~2%의 소금이 들어 있는 가염버터와 소금이 전혀 들어 있는 않은 무염버터가 있다. 과자를 만들 때는 무염버터를 사용하는 것이 일반적이다. 무염버터는 가염버터에 비해 쉽게 산화하기 때문에 사용할 양을 제외하고는 밀봉해서 냉동하는 것이 좋다. 냉동한 버터는 반드시 냉장고에서 해동한다. 특히 헤이즐넛 버터를 만들 때 가염버터를 사용하면 소금이 먼저 타서 풍미가 나빠진다.

발효버터 VS 비발효버터

발효버터는 원료인 크림에 유산균을 더해 발효시킨 것으로 약간의 산미와 독특한 향이 있다. 버터의 발상지인 유럽에서는 기원전부터 버터를 만들었는데, 기술이 미숙해 자연히 발효도 함께 이루어지면서 발효버터가 주를 이루게 되었다. 지금도 그 영향으로 유럽에서는 대부분 발효버터를 생산하고 있다. 엘르앤비르 버터 역시 발효버터이다. 우리나라에서 생산하는 버터는 비발효버터로, 발효버터에 비해 맛이 깔끔하고 산뜻하다.

피낭시에나 마들렌처럼 버터의 향과 맛을 강조하고 싶다면 발효버터를, 아몬드 등 다른 재료의 맛이 도드라지게 하려면 비발효버터를 사용한다.

차가운 버터로 만드는 사블레

사블레에는 한 번도 녹지 않은 차가운 버터를 사용해야 한다. 처음 반죽할 때부터 굽기 전까지 버터가 차가운 상태라면 구운 후에도 모양이 그대로 유지되고 버터의 향도 풍부하게 난다. 하지만 반죽 도중 버터가 녹게 되면 다시 냉동해도 모양이 유지되지 않고 힘이 빠져 구우면 퍼지게 된다.

또한 구울 때 반죽의 온도가 다르면 버터가 녹는 타이밍이 다르므로 완성된 제품의 모양도 달라진다. 반죽을 냉장고에서 휴지시킨 다음 오븐에 넣으면 버터가 녹는 데 시간이 걸리므로 모양이 유지된다. 실온의 반죽을 구우면 버터가 금방 녹아나므로 옆으로 조금 퍼지게 되고 버터 향도 약해질 뿐만 아니라 약간 기름지게 된다.

포마드 상태의 버터 만들기

포마드 상태의 버터를 사용하려면 여름철에는 30분, 겨울철에는 그 이상 전에 버터를 실온에 꺼내 말랑하게 만들어야 한다. 실온에 꺼내 둔 버터는 공기와 접촉해 산패하기 시작하므로 오래 두지 않는 것이 좋다. 급할 때는 적당한 두께로 썰어 10초 간격으로 전자레인지에 돌리면서 말랑하게 만든다.

신선하게 보관하기

버터는 공기 중의 산소와 접촉하면 노화가 시작되고 냄새를 쉽게 빨아들이기 때문에 밀봉 후 -15℃ 이하에 보관해야 한다. 보관이 잘 된 버터는 1년 정도는 품질과 풍미가 떨어지지 않는다. 냉동 보관한 버터를 해동시킨 다음 재냉동하면 버터의 품질이 떨어지므로 추천하지 않는다.

DEMI SEC

PART 02

드미 세크

드미 세크(Demi sec)는 무스 등의 생과자와 푸르 세크 중간 정도의 촉촉한 식감을 가진 구움과자로 풍부한 버터 향을 느낄 수 있는 제품들이 주를 이룬다. 마들렌, 피낭시에 등이 대표적이다.
오뗄두스의 드미 세크는 정홍연 셰프가 오랜 기간 시행착오를 거듭하며 완성한 오리지널 레시피로 만들어진다. 재료 선정과 준비, 섞는 정도와 굽는 과정 하나하나에 그의 노고가 담겨 있다. 수많은 경험을 통해 그가 전하는 시크릿 팁에 주목해 보자.

MADELEINE AU CITRON
레몬 마들렌

시간이 흐르고 장소가 바뀌어도 여전히 인기 있는 마들렌. 마들렌은 누구보다도 맛있게 만들고 싶은 욕구와 애착을 갖게 하는 과자이다. 그래서 일본에서부터 먹기 쉬운 마들렌을 만들기 위해 부단히 노력해 왔다. 이번에 소개하는 레몬 마들렌은 퍼석하고 마른 듯한 식감의 프랑스 마들렌이 아닌, 벌꿀과 독일산 아몬드 페이스트를 가미해 한국인의 입맛에 맞게 개량한 제품이다.

마들렌의 유래에 관해서는 다양한 설이 존재한다. 그중 가장 유명한 이야기는 1755년 로렌 왕국을 다스리던 스타니슬라스 레크친스키 공작이 코메르시 성에서 파티를 열 때 요리사에게 과자를 만들라고 명령을 내렸는데, 그 과자를 만든 사람의 이름이 마들렌이어서 과자 역시 마들렌으로 부르게 되었다는 설이다. 상당히 오랜 기간 마들렌의 레시피는 비밀에 부쳐져 왔으나 코메르시의 한 파티시에가 고가에 레시피를 사들이면서 널리 퍼지게 되었다. 현재는 프랑스 동부 로렌 지방 코메르시(Commercy) 마을을 대표하는 특산품으로 그 이름을 떨치고 있다.

More details

마들렌의 배꼽

잘 구워진 마들렌은 가운데 볼록하게 나온 배꼽의 유무를 보고 판단할 수 있다. 마들렌을 조개 모양의 틀에 짜서 오븐에 넣으면 얇은 가장자리부터 먼저 구워지고 틀의 가운데 깊은 부분은 액체 상태로 남게 된다. 잘 구워진 마들렌은 이 부분이 베이킹파우더의 팽창력에 의해 한꺼번에 부풀어 오르고 가스가 빠지면서 가운데가 볼록하게 배꼽 모양을 이루게 된다.

01 ——• 설탕과 레몬제스트 섞기
03 ——• 푸드프로세서로 반죽 섞기
08 ——• 팬닝하기

RECIPE

6.7×6.7㎝ 약 24개 분량

레몬제스트 14g
설탕 151g
박력분(K-아트레제) 75g
강력분 75g
베이킹파우더 3g
아몬드 페이스트 88g
달걀 117g
꿀 16g
생크림 91g
소금 1.7g
버터 137g

1 그레이터에 간 레몬제스트를 설탕과 비벼 섞은 다음 1시간 정도 그대로 둔다.
tip 냄새를 흡수하는 설탕의 특성으로 인해 레몬제스트와 섞어 두면 향이 쉽게 밴다.
2 박력분, 강력분, 베이킹파우더는 함께 체 친다.
tip 박력분과 강력분을 함께 사용하면 약간 쫀득하면서도 씹히는 식감을 느낄 수 있다.
3 푸드프로세서에 ①과 아몬드 페이스트, 달걀을 넣고 섞는다.
tip 푸드프로세서 대신 거품기로 섞어도 된다.
4 40℃로 데운 꿀과 생크림, 소금을 넣고 섞는다.
5 ②의 가루 재료를 넣고 섞는다.
6 45℃ 정도로 녹인 버터를 넣고 섞는다.
7 냉장고에서 2시간 정도 휴지시킨다.
tip 반죽을 냉장고에서 충분히 휴지시키면 다른 재료와 잘 섞인다.
8 버터(분량 외)를 바른 틀에 팬닝하고 165℃ 오븐에서 12분 동안 굽는다.
9 틀에서 분리한 다음 식힘망에 올려 완전히 식힌다.

MADELEINE AU CARAMEL

캐러멜 마들렌

어린 시절 추억의 뽑기를 떠올리게 하는 맛, 캐러멜 마들렌. 개성이 뚜렷하진 않지만 은은하면서도 달콤한 향 가득한 캐러멜이 마음을 따뜻해지게 하는 과자이다. 캐러멜은 많이 태우면 쓴맛이 강해지므로 태우는 정도를 잘 조절하는 것이 포인트.

More details

마들렌 틀

언제부터 가리비나 조개 모양의 틀에 마들렌을 굽기 시작했는지는 확실하지 않다. 옛날에는 진짜 가리비 껍데기를 틀로 썼다고도 하는데, 성지인 스페인 데 콤포스텔라의 길을 걸을 때 순례자들이 증표로 몸에 지녔던 가리비 껍데기에서 유래했다는 설도 있다. 1913년에 발표된 프루스트의 『잃어버린 시간을 찾아서』에 마들렌이 가리비 껍데기 모양이라고 적혀 있으므로 20세기 초반에는 이 모양이 일반적이었던 것으로 보인다.

01-1 —— 설탕 녹이기
01-2 —— 밝은 갈색의 캐러멜 끓이기
04 —— 푸드프로세서로 반죽 섞기
10 —— 팬닝하기

01-1	01-2
04	10

RECIPE

6.7×6.7㎝ 약 25개 분량

캐러멜

설탕 48g
생크림 58g

마들렌 반죽

박력분(K-아트레제) 68g
강력분 68g
베이킹파우더 2g
아몬드 페이스트 79g
달걀 106g
설탕 137g
생크림 66g
소금 2g
버터 124g
캐러멜 106g

캐러멜

1 동냄비에 설탕을 넣고 불에 올려 잔거품이 일면서 밝은 갈색이 될 때까지 끓인다.
tip 잔열에 의해 캐러멜화가 진행되므로 너무 짙은 색이 될 때까지 태우지 않는다. 많이 태우면 쓴맛이 강해진다.

2 불에서 내려 끓인 생크림을 조금씩 넣으면서 고무주걱으로 섞은 다음 35℃까지 식힌다.
tip 차가운 생크림을 사용하거나 한꺼번에 많이 부으면 넘칠 수 있으므로 주의한다.

마들렌 반죽

3 박력분, 강력분, 베이킹파우더는 함께 체 친다.
tip 박력분과 강력분을 함께 사용하면 약간 쫀득하면서도 씹히는 식감을 느낄 수 있다.

4 푸드프로세서에 아몬드 페이스트, 달걀, 설탕을 넣고 섞는다.
tip 푸드프로세서 대신 거품기로 섞어도 된다.

5 40℃로 데운 생크림, 소금을 넣고 섞는다.

6 ②의 캐러멜을 넣고 섞는다.

7 ③의 가루 재료를 넣고 섞는다.

8 45℃ 정도로 녹인 버터를 넣고 섞는다.

9 냉장고에서 2시간 정도 휴지시킨다.
tip 반죽을 냉장고에서 충분히 휴지시키면 다른 재료와 잘 섞인다.

10 버터(분량 외)를 바른 틀에 팬닝하고 165℃ 오븐에서 12분 동안 굽는다.

11 틀에서 분리한 다음 식힘망에 올려 완전히 식힌다.

MADELEINE AU CHOCOLAT FONDANT

초콜릿 마들렌

코코아파우더, 다크초콜릿 베이스의 초콜릿 마들렌 속에 가나슈를 넣어 초콜릿의 진한 맛과 눅진한 식감을 한층 강조하고 쿠앵트로와 오렌지제스트로 은은한 향을 가미했다. 쿠앵트로(Cointreau)는 프랑스에서 생산되는 오렌지 리큐어의 상품명으로, 오렌지 껍질이나 꽃 등으로 향을 입혀 일명 '오렌지술'이라고도 한다. 오렌지 리큐어는 큐라소, 트리플섹으로도 불리는데, 무색의 쿠앵트로는 화이트 큐라소 중 최고급품으로 단맛이 강하고 맛과 향이 부드러워 케이크나 디저트에 널리 이용된다.

More details

다크초콜릿

{ 벨코라데 오리진 페루 64 }

초콜릿 마들렌 반죽에는 페루의 최고급 크리올로 카카오 빈과 트리니타리오 카카오 빈을 조합해 만든 카카오 함량 64%의 벨코라데 오리진 페루 64를 사용했다. 약간의 산미, 건포도와 무화과 꽃 향이 특징으로 초콜릿 마들렌의 오렌지 향과도 잘 어울린다.

{ 벨코라데 오리진 베트남 73 }

테린 쇼콜라(p.134)에는 베트남 메콩 델타 지역에서 재배된 트리니타리오 카카오 빈을 사용해 만든 카카오 함량 73%의 벨코라데 오리진 베트남 73을 사용했다. 카카오 풍미와 시트러스 향, 우드 타바토 향이 테린느 쇼콜라의 프랑부아즈 젤리, 부드러운 식감과 진한 맛의 테린 반죽과 뛰어난 조화를 이룬다.

03 ——• 가나슈 만들기
04 ——• 오렌지제스트와 설탕 섞기
06 ——• 푸드프로세서로 반죽 섞기
12 ——• 팬닝하기

03 04
06 12

RECIPE

5×8㎝ 약 24개 분량

가나슈

다크초콜릿(페루 64%) 75g
생크림 60g
쿠앵트로 10g

마들렌 반죽

오렌지제스트 5g
설탕 151g
박력분 70g
강력분 70g
코코아파우더 20g
베이킹파우더 3g
아몬드 페이스트 88g
달걀 85g
노른자 40g
꿀 16g
생크림 91g
소금 1.7g
다크초콜릿(페루 64%) 40g
버터 137g

가나슈

1 다크초콜릿을 잘게 다진 다음 끓인 생크림을 넣고 핸드블렌더로 섞어 유화시킨다.
2 쿠앵트로를 넣고 섞는다.
3 높이 1㎝ 각봉에 부어 냉장고 또는 냉동고에서 굳힌다.

마들렌 반죽

4 그레이터에 간 오렌지제스트를 설탕과 비벼 섞은 다음 1시간 정도 그대로 둔다.
tip 냄새를 흡수하는 설탕의 특성으로 인해 오렌지제스트와 섞어 두면 향이 쉽게 밴다.
5 박력분, 강력분, 코코아파우더, 베이킹파우더는 함께 체 친다.
tip 박력분과 강력분을 함께 사용하면 약간 쫀득하면서도 씹히는 식감을 느낄 수 있다.
6 푸드프로세서에 ④와 아몬드 페이스트, 달걀, 노른자를 넣고 섞는다.
7 40℃로 데운 꿀과 생크림, 소금을 넣고 섞는다.
8 45℃로 녹인 다크초콜릿을 넣고 섞는다.
9 ⑤의 가루 재료를 넣고 섞는다.
10 50℃로 녹인 버터를 넣고 섞는다.
11 냉장고에서 1시간 정도 휴지시킨 다음 원형 모양깍지를 끼운 짤주머니에 담는다.
tip 반죽을 냉장고에서 충분히 휴지시키면 재료가 잘 섞이고 짜기 좋은 굳기가 된다.
12 버터(분량 외)를 바른 틀에 2/3 정도 짜고 1㎝ 크기로 자른 ③의 가나슈를 2개씩 올린 다음 가나슈를 덮듯이 다시 반죽을 짠다.
13 170℃ 오븐에서 10분 동안 굽는다.
14 틀에서 분리한 다음 식힘망에 올려 완전히 식힌다.

FINANCIER AU BEURRE NOISETTE
피낭시에

부풀려서 폭신하게 굽는 과자가 마들렌이라면 피낭시에는 부풀어 오르는 힘을 눌러 촉촉하면서도 차진 식감으로 굽는 과자이다. 피낭시에의 맛은 동냄비에 태운 헤이즐넛 버터와 아몬드파우더의 풍미로 결정된다. 또한 굳는 힘이 강한 신선한 흰자를 사용해 고온의 오븐에서 단시간에 굽는 것이 좋다. 헤이즐넛 버터를 넣는 것이 전통적인 제법이지만 녹인 버터를 사용해도 된다. '금융가' 또는 '자산가'라는 의미의 프랑스어인 피낭시에. 프랑스의 유명한 파티시에이며 저술가였던 피에르 라캉(Pierre LACAM)은 1890년에 펴낸 저서에 증권거래소 근처의 생드니 거리에서 가게를 운영하던 '란느(Lasne)'라는 파티시에가 양복을 더럽히지 않고 가볍게 먹을 수 있는 피낭시에라는 과자를 고안해 냈다고 기술하고 있다.

More details

뵈르 누아제트

태운 버터를 뵈르 누아제트(Beurre noisette), 즉 헤이즐넛 버터라고 한다. 뵈르는 버터, 누아제트는 헤이즐넛을 가르키는 프랑스어로 헤이즐넛처럼 갈색으로 태운 버터를 과자에 사용한다. 태운 버터는 깊은 맛을 내며 버터의 향이 입 안 가득 퍼지면서 그 여운이 오랫동안 남는다. 녹인 버터의 경우 태운 버터보다 조금 더 깔끔하고 식감 역시 가벼운 편이다. 가벼운 식감이 좋다면 녹인 버터, 풍부하고 묵직한 버터 향을 원한다면 태운 버터를 사용하면 된다.

03 ——• 짙은 갈색으로 가열하기
04 ——• 헤이즐넛 버터 거르기
08 ——• 거품기로 반죽 섞기
10 ——• 팬닝하기

RECIPE

7×3㎝ 약 20개 분량

아몬드파우더 100g
헤이즐넛파우더 20g
헤이즐넛 버터 180g
흰자 180g
설탕 204g
트리몰린 40g
박력분 34g
강력분 34g

1 아몬드파우더와 헤이즐넛파우더를 함께 체 친다.
2 동냄비에 버터를 넣고 거품기로 저어가면서 중불에서 가열한다.
tip 필요한 헤이즐넛 버터보다 25% 정도 많은 양의 버터를 태운다.
즉 180g의 헤이즐넛 버터를 얻기 위해서는 225g 정도의 버터가 필요하다.
3 짙은 갈색이 되면 냄비째로 찬물에 담가 더 이상 타지 않도록 빠르게 식힌다.
4 체에 키친타월 등을 깔고 ③의 헤이즐넛 버터를 거른다.
tip 체의 입자가 굵거나 찌꺼기를 완벽하게 제거하고 싶다면 키친타월 등을 깔고 거른다. 거르지 않아도 무방하다.
5 실온 상태의 흰자를 살짝 푼 다음 설탕, 트리몰린을 넣고 거품기로 섞는다.
tip 트리몰린을 넣으면 설탕만 넣을 때보다 조금 더 촉촉한 식감을 얻을 수 있다.
6 ①의 가루 재료를 넣고 거품기로 가볍게 섞는다.
tip 일반적으로 아몬드파우더만 사용하지만 헤이즐넛파우더를 섞으면 풍미가 한층 깊어진다.
7 함께 체 친 박력분과 강력분을 넣고 거품기로 가볍게 섞는다.
tip 박력분과 강력분을 함께 사용하면 약간 쫀득하면서도 씹히는 식감을 느낄 수 있다.
8 45℃ 정도로 식힌 ④의 헤이즐넛 버터를 2회에 나눠 넣으면서 거품기로 섞는다.
9 냉장고에서 2시간 정도 휴지시킨다.
tip 냉장고에서 휴지시키면 반죽의 온도차로 인해 피낭시에 특유의 툭 부러지는 듯한 식감을 얻을 수 있다. 적당히 굳어 짜기도 쉬워진다.
10 원형 모양깍지를 끼운 짤주머니에 담고 버터(분량 외)를 바른 틀에 팬닝한다.
tip 많이 부풀지 않는 반죽이므로 틀의 90% 정도까지 팬닝한다.
11 190℃ 컨벡션 오븐에서 11분 정도 굽는다.
12 틀에서 분리한 다음 식힘망에 올려 완전히 식힌다.

FINANCIER À LA PISTACHE

피스타치오 피낭시에

피스타치오파우더와 아몬드파우더를 동량으로 사용하고 헤이즐넛 버터 대신 녹인 버터를 넣어 피스타치오의 맛을 한층 강조했다. 자칫 밋밋할 수 있는 맛과 비주얼은 라즈베리로 보완했다. 피낭시에 반죽은 너무 섞어 공기가 많이 들어가면 식감이 퍼석해지고 맛도 떨어진다. 과하게 섞지 않고 충분히 휴지시켜 피낭시에 특유의 촉촉하고 쫄깃한 식감이 살아 있도록 만드는 것이 중요하다.

More details

피낭시에 틀

피낭시에는 설탕 함량이 높아 잘 들러붙기 때문에 틀에 이형제 또는 녹인 버터를 모서리까지 꼼꼼하게 듬뿍 발라주는 것이 좋다.

지금은 금괴 모양의 과자라고 하면 피낭시에를 떠올리지만, 란느가 피낭시에를 만들던 당시에는 바토 틀, 사바랭 틀, 브리오슈 틀로 굽는 등 그 어디에서도 피낭시에를 금괴 모양의 틀에 구웠다는 기록은 찾을 수 없다. 아마도 후세의 파티시에 중 누군가가 피낭시에라는 이름과 금괴의 모양을 연결하여 제작한 듯하다.

01 ——→ 가루 재료 체 치기
05 ——→ 거품기로 반죽 섞기
08 ——→ 라즈베리 올리기

RECIPE

7×3㎝ 약 20개 분량

아몬드파우더 46g
피스타치오파우더 46g
흰자 220g
설탕 226g
피스타치오 페이스트 104g
박력분 66g
버터 280g
냉동 라즈베리(홀) 적당량

1 아몬드파우더와 피스타치오파우더를 함께 체 친다.
2 실온 상태의 흰자를 살짝 푼 다음 설탕을 넣고 거품기로 섞는다.
3 피스타치오 페이스트를 넣고 섞은 다음 ①의 가루 재료를 넣고 거품기로 섞는다.
4 체 친 박력분을 넣고 거품기로 섞는다.
tip 가루 재료를 거품기로 섞으면 고루 잘 섞인다.
5 45℃로 녹인 버터를 2회에 나눠 넣으면서 거품기로 섞는다.
tip 헤이즐넛 버터가 아닌 녹인 버터를 사용하면 맛이 한층 깔끔해진다.
6 냉장고에서 2시간 정도 휴지시킨다.
tip 냉장고에서 휴지시키면 반죽의 온도차로 인해 피낭시에 특유의 톡 부러지는 듯한 식감을 얻을 수 있다. 적당히 굳어 짜기도 쉬워진다.
7 원형 모양깍지를 끼운 짤주머니에 담고 버터(분량 외)를 바른 틀에 팬닝한다.
8 냉동 라즈베리를 2개씩 올린다.
9 175℃ 컨벡션 오븐에서 12분 정도 굽는다.
tip 많이 부풀지 않는 반죽이므로 틀의 90% 정도까지 팬닝한다.
10 틀에서 분리한 다음 식힘망에 올려 완전히 식힌다.

DACQUOISE AU PRALINÉ
프랄리네 다쿠아즈

오뗄두스의 프랄리네 다쿠아즈는 만들기는 쉽지 않지만 오래도록 질리지 않는 제품 중 하나이다. 흰자에 비해 설탕이 적기 때문에 이나겔 C-300으로 안정적인 머랭을 만들고 단시간에 구워 다쿠아즈 특유의 식감을 살린다. 또한 굽기 전에 슈거파우더를 두 번 뿌려 '진주(Perle)'라고 불리는 설탕막을 만들어 주는 것이 맛있게 만드는 포인트이다.
프랑스 남서부 랑드 지방의 유명한 온천지인 닥스(Dax)에 전해져 오는 다쿠아즈는 19세기 말의 '앙리 4세'라는 과자가 원형이며, 이 과자의 스펀지 시트를 개량한 것이 다쿠아즈라고 알려져 있다. 피레네 자틀랑티크 지방의 포(Pau)에도 '팔루아즈(Paloise)'라고 불리는 다쿠아즈와 비슷한 제품이 있는데, 닥스나 포는 피레네 산맥을 사이에 두고 스페인과 인접해 있는 지역으로 스페인 특산품인 아몬드와 헤이즐넛을 사용한 과자가 많이 만들어졌다고 한다. 우리가 알고 있는 다쿠아즈는 타원형에 버터 크림을 넣은 것이 일반적이지만 바스크 지방 등에서는 가토 다쿠아즈라는 커다란 원형케이크를 잘라 먹는다. 파리에서는 앙트르메 시트의 한 종류로 사용하는 경우가 많고 이 시트는 비스퀴 다쿠아즈라고 부른다.

More details

프랄리네

프랄리네(Praliné)는 아몬드나 헤이즐넛에 캐러멜리제한 시럽을 섞고 롤러로 갈아 페이스트 상태로 만든 것이다. 견과류의 향기로운 풍미와 캐러멜의 쌉싸래한 맛이 뛰어난 재료이다.
오뗄두스에서는 아몬드와 헤이즐넛을 함께 넣은 프랄리네를 직접 만들어 사용하는데, 이렇게 만들면 밋밋해지기 쉬운 아몬드의 맛에 깊이를 주고 풍미와 식감도 개선된다. 냉장고에 보관하며 짧은 기간(2주)에 소비하도록 한다.

03 ——• 끓인 시럽 붓기
04-1 —• 버터 넣기
04-2 —• 비터로 섞기
05 ——• 매끄러운 상태로 섞기

RECIPE

7×4.7㎝ 약 20개 분량

버터 크림

물 57g
설탕 105g
트레할로스 45g
달걀 113g
노른자 68g
버터 450g
바닐라 익스트랙트 소량

프랄리네

통아몬드 50g
통헤이즐넛 50g
설탕 100g
카카오버터 1.9g

프랄리네 크림

프랄리네 50g
코코아매스 20g
버터 크림 150g
럼 4g

버터 크림

1 냄비에 물, 설탕, 트레할로스를 넣고 121℃까지 끓인다.
tip 설탕을 많이 줄이면 살균력이 떨어지기 때문에 일정량의 설탕은 반드시 필요하다. 대신 트레할로스로 단맛을 조절한다.

2 믹서볼에 실온 상태의 달걀과 노른자를 넣고 거품기로 가볍게 휘핑한다.
tip 달걀을 휘핑하면 시럽을 넣었을 때 거품으로 인해 달걀이 익지 않는다(p. 40 참조).

3 ①의 시럽을 볼 벽면을 따라 천천히 부으면서 고속으로 휘핑한다.
tip 벽면을 따라 붓지 않으면 시럽이 사방으로 튀어 분량이 줄어들게 된다. 특히 소량으로 만들 경우 많은 영향을 끼친다.

4 30℃로 식을 때까지 중속으로 휘핑하면서 파트 아 봉브를 만든 다음 21℃의 버터를 넣고 비터로 섞는다.
tip 21~22℃ 정도의 버터가 다른 재료와 잘 섞인다.

5 일단 분리되었다가 매끄러운 상태가 될 때까지 비터로 섞는다.

6 바닐라 익스트랙트를 넣고 섞는다.

프랄리네

7 통아몬드와 통헤이즐넛은 165℃ 오븐에서 15~20분 정도 굽는다.
tip 일반적으로는 따로 사용하지만 아몬드와 헤이즐넛을 함께 넣으면 맛과 향이 독특해진다. 견과류는 쉽게 변질되기 때문에 신선할 때 빨리 소비하기 위해 함께 사용하기도 한다.

8 동냄비에 설탕을 넣고 불에 올려 캐러멜을 만든다.

9 ⑦의 뜨거운 아몬드와 헤이즐넛을 넣고 나무주걱으로 섞은 다음 실리콘패드 위에 펼쳐 식힌다.

10 푸드프로세서에 ⑨와 녹인 카카오버터를 넣고 곱게 갈아 페이스트를 만든다.
tip 페이스트는 냉장고에 보관하며 2주 안에 전부 사용하는 것이 좋다.
tip 프랄리네(Praliné)는 아몬드, 헤이즐넛 등의 구운 견과류에 설탕으로 만든 캐러멜을 묻혀 페이스트 상태로 곱게 간 것이다. 직접 만들어 사용하면 견과류의 고소한 맛과 향이 배가된다.

프랄리네 크림

11 ⑩의 프랄리네에 50℃로 녹인 코코아매스를 넣고 거품기로 섞는다.

12 ⑥의 버터 크림를 넣고 섞은 다음 럼을 넣고 섞는다.

13 빗살무늬 모양깍지를 끼운 짤주머니에 담는다.

15
16
20
21
22
25

다쿠아즈

아몬드파우더 132g
슈거파우더 120g
박력분(K-아트리제) 22g
흰자 200g
설탕 60g
이나겔 C-300 2g

다쿠아즈

14 아몬드파우더, 슈거파우더, 박력분을 함께 2번 체 친다.

15 믹서볼에 차가운 상태의 흰자를 넣고 핸드블렌더로 푼다.
tip 핸드블렌더를 이용해 달걀을 수양화시키면 머랭의 양이 많아져 많이 달지 않고 식감이 좋은 다쿠아즈를 만들 수 있다.

16 설탕과 이나겔 C-300을 3~4번에 나눠 넣으면서 끝이 살짝 휘는 부드러운 머랭을 만든다.

17 ⑯의 머랭을 큰 볼에 옮기고 ⑭의 가루 재료를 2번에 나눠 넣으면서 고무주걱으로 가볍게 섞는다.

18 지름 1.5~2㎝ 원형 모양깍지를 끼운 짤주머니에 반죽을 담는다.

19 다쿠아즈 틀에 분무기로 물을 뿌리고 윗면을 닦아낸 다음 실리콘패드 위에 올린다.
tip 물을 뿌리면 반죽이 틀에서 깔끔하게 떨어진다.

20 반죽을 틀 높이보다 조금 더 올라오게 짠다.
tip 반죽은 틀에 가득 차게 위에서 아래로 1번에 짠다.

21 L자형 스패튤러를 아래위로 움직이면서 틀 높이에 맞게 반죽을 평평하게 편다.

22 틀을 위로 들어 올리면서 조심스럽게 제거하고 슈거파우더(분량 외)를 뿌린다.
tip 슈거파우더를 뿌리면 설탕막이 생겨 겉은 바삭해지고 속은 수분이 적당히 증발해 뽀송하고 부드럽게 구워진다.

23 녹으면 1번 더 슈거파우더(분량 외)를 뿌린다.

24 뚜껑이 되는 1/2의 반죽에 반으로 자른 헤이즐넛(분량 외)을 올린다.

25 185℃ 컨벡션 오븐에 넣은 다음 165℃로 온도를 내려 13분 정도 굽는다.
tip 잘 구워진 다쿠아즈는 윗면에 울퉁불퉁한 설탕막이 생기는데, 이것을 '진주(Perle)'라고 부른다.
tip 오븐 문을 열고 철판을 넣을 때 온도가 떨어지게 되므로 조금 높게 예열해주는 것이 좋다.

15 ——→ 핸드블렌더로 흰자 풀기
16 ——→ 부드러운 머랭 만들기
20 ——→ 반죽 짜기
21 ——→ 스패튤러로 반죽 펴기
22 ——→ 슈거파우더 뿌리기
25 ——→ 오븐에서 굽기

28 ——• 잔거품이 일 때까지 끓이기
29 ——• 오븐에서 굽기
32 ——• 크로캉 헤이즐넛 뿌리기

크로캉 헤이즐넛

통헤이즐넛 90g
버터 40g
생크림 18g
설탕 45g
물엿 20g

크로캉 헤이즐넛

26 통헤이즐넛은 165℃ 오븐에서 15~20분 정도 굽는다.

27 냄비에 버터, 생크림, 설탕, 물엿을 넣고 불에 올려 거품기로 저으면서 가열한다.

28 잔거품이 일면서 끓어오르면 ㉖을 넣고 골고루 버무린 다음 실리콘패드 위에 넓게 편다.

29 160℃ 오븐에서 25분 정도 굽는다.
tip 골고루 색이 나도록 중간중간 잘 뒤적이면서 굽는다.

30 완전히 식으면 적당한 크기로 썬다.
tip 씹히는 식감을 위해 입자가 어느 정도 있는 편이 좋다.

마무리

31 ㉕의 다쿠아즈 바닥 부분에 ⑬의 프랄리네 크림을 짠다.

32 ㉚의 크로캉 헤이즐넛을 적당히 뿌린다.

33 헤이즐넛을 올려 구운 다른 1장의 다쿠아즈를 마주 보게 덮는다.

DACQUOISE À LA PISTACHE
피스타치오 다쿠아즈

피스타치오파우더와 이탈리아 시칠리아산 피스타치오 페이스트가 흔하지 않던 10년 전부터 오뗄두스에서 만들고 있는 제품이다. 피스타치오 다쿠아즈에 식용색소를 사용해 색을 내기도 하지만 사용하지 않아도 무방하다. 화려하지는 않지만 귀공자 같은 고급스러움을 풍긴다.

More details

트레할로스

구움과자에 트레할로스(Trehalose)를 사용하면 버터 등의 유지가 쉽게 산화되지 않으며 전분의 노화를 억제해 푸석해지는 것을 막기 때문에 촉촉함을 오래 유지한다. 또한 트레할로스가 든 커스터드 크림이나 버터 크림을 냉동한 뒤 해동해도 식감이나 맛이 크게 변하지 않는다.
옥수수나 감자 전분을 원료로 하는 트레할로스의 1g당 칼로리는 설탕과 동일한 4㎉. 감미도는 설탕의 절반 이하로 설탕 대신 트레할로스를 넣어 당도를 조절할 수 있는데, 제품의 완성도가 떨어지지 않도록 하기 위해서는 설탕의 40% 정도까지 트레할로스로 대체할 수 있다.
오뗄두스에서는 일본 하야시바라사(社)의 트레할로스를 사용하고 있다.

07 —— 부드러운 머랭 만들기
11 —— 반죽 짜기
15 —— 피스타치오파우더 뿌리기
17 —— 피스타치오 크림 짜기

RECIPE

7×4.7㎝ 약 20개 분량

버터 크림

물 57g
설탕 105g
트레할로스 45g
달걀 113g
노른자 68g
버터 450g
바닐라 익스트랙트 소량

프랄리네

통아몬드 50g
통헤이즐넛 50g
설탕 100g
카카오버터 1.9g

피스타치오 크림

버터 크림 150g
프랄리네 40g
피스타치오 페이스트 25g

피스타치오 다쿠아즈

아몬드파우더 119g
피스타치오파우더 13g
슈거파우더 120g
박력분(K-아토리제) 30g
흰자 200g
설탕 60g
이나겔 C-300 1.5g

버터 크림

1 공정은 프랄리네 다쿠아즈의 버터 크림(p.87)과 동일하다.

프랄리네

2 공정은 프랄리네 다쿠아즈의 프랄리네(p.87)와 동일하다.

피스타치오 크림

3 ①의 버터 크림, ②의 프랄리네, 피스타치오 페이스트를 거품기로 섞는다.
4 빗살무늬 모양깍지를 끼운 짤주머니에 담는다.

피스타치오 다쿠아즈

5 아몬드파우더, 피스타치오파우더, 슈거파우더, 박력분을 함께 2번 체 친다.
6 믹서볼에 차가운 상태의 흰자를 넣고 핸드블렌더로 푼다.
tip 핸드블렌더를 이용해 달걀을 수양화시키면 머랭의 양이 많아져 많이 달지 않고 식감이 좋은 다쿠아즈를 만들 수 있다.
7 설탕과 이나겔 C-300을 3~4번에 나눠 넣으면서 끝이 살짝 휘는 부드러운 머랭을 만든다.
8 ⑦의 머랭을 큰 볼에 옮기고 ⑤의 가루 재료를 2번에 나눠 넣으면서 고무주걱으로 가볍게 섞는다.
9 지름 1.5~2㎝ 원형 모양깍지를 끼운 짤주머니에 반죽을 담는다.
10 다쿠아즈 틀에 분무기로 물을 뿌리고 윗면을 닦아낸 다음 실리콘패드 위에 올린다.
tip 물을 뿌리면 반죽이 틀에서 깔끔하게 떨어진다.
11 반죽을 틀 높이보다 조금 더 올라오게 짠다.
tip 반죽은 틀에 가득 차게 위에서 아래로 1번에 짠다.
12 L자형 스패튤러를 아래위로 움직이면서 틀 높이에 맞게 반죽을 평평하게 편다.
13 틀을 위로 들어 올리면서 조심스럽게 제거하고 슈거파우더(분량 외)를 뿌린다.
tip 슈거파우더를 뿌리면 설탕막이 생겨 겉은 바삭해지고 속은 수분이 적당히 증발해 뽀송하고 부드럽게 구워진다.
14 녹으면 1번 더 슈거파우더(분량 외)를 뿌린다.
15 뚜껑이 되는 1/2의 반죽에 피스타치오파우더를 살짝 뿌린다.
16 185℃ 컨벡션 오븐에 넣은 다음 165℃로 온도를 내려 13분 정도 굽는다.
tip 잘 구워진 다쿠아즈는 윗면에 울퉁불퉁한 설탕막이 생기는데, 이것을 '진주(Perle)'라고 부른다. *tip* 오븐 문을 열고 철판을 넣을 때 온도가 떨어지게 되므로 조금 높게 예열해주는 것이 좋다.

마무리

17 ⑯의 피스타치오 다쿠아즈의 바닥 부분에 ④의 피스타치오 크림을 짠다.
18 피스타치오파우더를 뿌려 구운 다른 1장의 피스타치오 다쿠아즈를 마주 보게 덮는다.

CANNELÉ DE BORDEAUX & CANNELÉ AU THÉ

카늘레 드 보르도 & 얼그레이 카늘레

25년 전 카늘레를 처음 접한 뒤 하루도 빠짐없이 구워 온 카늘레는 원점과도 같은 과자이다. 한 가지 반죽으로 겉은 바삭하고 속은 촉촉하면서도 쫄깃한 식감의 콘트라스트를 주는 카늘레.
프랑스 보르도 지방의 전통과자로 12개의 골이 파인 범종 모양의 구리 틀에 밀랍을 발라 굽는 것이 특징이다. 12~15세기경 보르도 지방이 영국의 지배를 받으면서 영국과자인 머핀이나 푸딩의 영향을 받았다는 설, 보르도의 한 수도원에서 와인을 제조하면서 침전물을 제거하기 위해 흰자를 사용하고 남은 노른자로 만들게 되었다는 설 등 원조에 관한 이야기는 다양하다.
불과 몇 십 년 전만 해도 보르도에서만 전승되며 레시피 역시 외부로 유출되지 않았으나, 세계적인 파티시에인 피에르 에르메가 파리 포숑(Fauchon)에서 근무할 당시 카늘레를 만들어 판매하기 시작한 것이 결정적인 계기가 되어 널리 퍼지게 되었다.
현재 보르도에는 전통 카늘레를 보존하기 위한 협회가 있으며 이 과자를 제조하는 곳만도 무려 600곳 이상에 달한다.

More details

카늘레 틀과 밀랍

카늘레는 열전도율이 좋은 두툼한 구리 틀에 밀랍을 발라 굽는다. 이 구리 틀은 온도에 상당히 민감한데, 적정 온도보다 높으면 쉽게 타버리고 온도가 낮으면 틀 바닥에 빠져나가지 못한 수증기가 모이면서 반죽을 밀어 올리는 현상이 나타난다.
바삭한 껍질과 쫄깃한 속을 만들어주는 밀랍(Beeswax)은 꿀벌이 집을 지을 때 벌의 복부에서 분비되는 물질로 보습, 유연 효과가 뛰어나 화장품이나 연고의 원료로 쓰인다. 옛날 수도원에서는 양초를 만들기 위해 양봉을 하면서 벌이 만들어내는 밀랍을 채집했고 카늘레 틀에도 이형제로 사용하게 되었다고 한다.

01 ——• 바닐라슈거 섞기
07 ——• 거품기로 가루 재료 섞기
08 ——• 핸드블렌더로 반죽 섞기
12 ——• 오븐에서 굽기

카늘레 드 보르도 RECIPE

지름 5㎝ 약 25개 분량

박력분(K-아트레제) 78g
슈거파우더 147g
바닐라슈거 3g
우유 300g
바닐라 빈 0.5개
(마다가스카르산)
달걀 36g
노른자 36g
버터 15g
럼 30g

1 박력분과 슈거파우더를 함께 체 친 다음 바닐라슈거를 넣고 섞는다.

2 냄비에 우유, 바닐라 빈의 깍지와 씨를 넣고 불에 올려 끓인 다음 랩을 씌워 30℃까지 식히면서 바닐라의 맛과 향을 우려낸다.
tip 바닐라 빈은 반을 갈라 안쪽의 씨 부분을 칼끝으로 긁어낸다.

3 볼에 달걀, 노른자를 넣고 거품기로 볼 바닥을 긁듯이 저으면서 잘 섞는다.

4 ②의 우유 1/2을 넣고 섞는다.

5 ①의 가루 재료 1/2을 넣고 거품기로 원을 그리면서 덩어리가 남을 정도까지 가볍게 섞는다.

6 40℃로 녹인 버터를 넣고 섞는다.

7 ②의 나머지 우유를 넣고 섞은 다음 ①의 나머지 가루 재료를 넣고 섞는다.
tip 우유와 가루 재료를 번갈아 넣으면 불필요하게 많이 섞지 않아도 되기 때문에 끈기가 덜 생긴다. 카늘레 반죽은 끈기가 생기지 않게 섞는 것이 중요하다.

8 럼을 넣고 바닐라 빈의 깍지를 꺼낸 다음 핸드블렌더로 섞는다.
tip 핸드블렌더를 사용하면 손보다 효율적으로 섞을 수 있고 남은 가루 덩어리도 완전히 풀어진다.

9 체에 걸러 냉장고에서 하루 동안 휴지시킨다.
tip 달걀의 알끈, 가루 덩어리 등을 체에 걸러낸다.
tip 냉장고에서 충분히 휴지시키면 끈기가 줄어들고 다른 재료와도 잘 섞인다.

10 냉장고에서 꺼내 충분히 휴지시키면서 실온 상태로 되돌린다.
tip 차가운 반죽을 실온 상태로 되돌리는 것은 오븐에서 반죽을 빠른 시간 내에 응고시키기 위해서이다.

11 밀랍을 입힌 틀에 80% 정도 넣는다.

12 175℃ 컨벡션 오븐에서 20분 정도 구운 다음 꺼내 틀째로 바닥에 여러 번 가볍게 쳐준다.
tip 부풀었던 반죽이 가라앉으면서 틀 바닥과 밀착되어 윗면에 고르게 색이 난다.

13 5분 정도 그대로 두었다가 반죽이 살짝 꺼지면 다시 오븐에 넣고 30~40분 정도 더 굽는다.

14 틀에서 분리한 다음 식힘망에 올려 완전히 식힌다.

01 ——→ 얼그레이파우더 섞기
02 ——→ 거품기로 달걀 풀기
06 ——→ 가루 재료 넣고 섞기

얼그레이 카늘레 **RECIPE**

지름 5㎝ 약 25개 분량

박력분(K-아트레제) 78g
슈거파우더 147g
얼그레이파우더 3g
달걀 36g
노른자 36g
우유 300g
버터 15g
럼 30g

1 박력분과 슈거파우더를 함께 체 친 다음 얼그레이파우더를 넣고 섞는다.
tip 얼그레이파우더는 얼그레이 찻잎을 반죽에 넣어도 가라앉지 않을 만큼 곱게 갈아 사용한다.

2 볼에 달걀, 노른자를 넣고 거품기로 볼 바닥을 긁듯이 저으면서 잘 섞는다.

3 실온 상태의 우유 1/2을 넣고 섞는다.

4 ①의 가루 재료 1/2을 넣고 거품기로 원을 그리면서 덩어리가 남을 정도까지 가볍게 섞는다.

5 40℃로 녹인 버터를 넣고 섞는다.

6 ③의 나머지 우유를 넣고 섞은 다음 ①의 나머지 가루 재료를 넣고 섞는다.
tip 우유와 가루 재료를 번갈아 넣으면 불필요하게 많이 섞지 않아도 되기 때문에 끈기가 덜 생긴다. 카늘레 반죽은 끈기가 생기지 않게 섞는 것이 중요하다.

7 럼을 넣고 핸드블렌더로 섞는다.
tip 핸드블렌더를 사용하면 손보다 효율적으로 섞을 수 있고 남은 가루 덩어리도 완전히 풀어진다.

8 체에 걸러 냉장고에서 하루 동안 휴지시킨다.
tip 달걀의 알끈, 가루 덩어리 등을 체에 걸러낸다.
tip 냉장고에서 충분히 휴지시키면 끈기가 줄어들고 다른 재료와도 잘 섞인다.

9 냉장고에서 꺼내 충분히 휴지시키면서 실온 상태로 되돌린다.
tip 차가운 반죽을 실온 상태로 되돌리는 것은 오븐에서 반죽을 빠른 시간 내에 응고시키기 위해서이다.

10 밀랍을 입힌 틀에 80% 정도 넣는다.

11 175℃ 컨벡션 오븐에서 20분 정도 구운 다음 꺼내 틀째로 바닥에 여러 번 가볍게 내리친다.
tip 부풀었던 반죽이 가라앉으면서 틀 바닥과 밀착되어 윗면에 고르게 색이 난다.

12 5분 정도 그대로 두었다가 반죽이 살짝 꺼지면 다시 오븐에 넣고 30분 정도 더 굽는다.

13 틀에서 분리한 다음 식힘망에 올려 완전히 식힌다.

GÉNOISE À L'ORANGE
오렌지 제누아즈

파운드보다는 조금 더 가벼운 타입의 케이크이다. 오렌지제스트와 오렌지주스로 오렌지 향을 가미하고 보습효과가 뛰어난 트리몰린과 버터를 듬뿍 사용해 식감이 촉촉하면서도 보드랍다. 틀에 팬닝하기 전 저속으로 휘핑하면서 반죽의 큰 거품을 일정하게 골라주는 것이 포인트이다.

More details

퐁당과 글라세

퐁당(Fondant)은 프랑스어로 '녹는'이라는 뜻으로, 설탕과 물을 끓여 졸인 시럽을 반죽해서 결정화를 시킨 하얀 페이스트이다. 크림 형태로 살살 녹는 듯한 식감이 있고 장식에 사용하면 굳어져서 손에 묻지 않으므로 과자 표면을 감싸는 당의로 많이 사용한다. 리큐어, 에센스 등으로 풍미를 내거나 착색하는 것도 가능하다. 글라세(Glacé)는 퐁당 등을 입힌 것을 말하는데, 과자에 광택을 부여하고 표면이 마르는 것을 방지한다.

04 ——• 중탕으로 데우기
05 ——• 반죽 휘핑하기
08 ——• 고무주걱으로 가볍게 섞기
09 ——• 팬닝하기

RECIPE

지름 10×높이 2.5㎝ 약 18개 분량

글라세

퐁당 100g
레몬즙 20g
시럽 10g

반죽

박력분 250g
달걀 340g
설탕 250g
트리몰린 25g
소금 4g
버터 250g
오렌지제스트 20g
오렌지주스 88g

글라세

1 퐁당, 레몬즙에 시럽을 넣고 섞는다.
tip 시럽은 물과 설탕을 1:1.25의 비율로 만들어 사용한다.

반죽

2 박력분은 2번 체 친다.
3 믹서볼에 실온의 달걀을 넣고 거품기로 푼 다음 설탕, 트리몰린, 소금을 넣고 섞는다.
4 거품기로 저어가며 중탕으로 45℃까지 데운다.
tip 반죽을 데운 다음 휘핑하면 설탕이 잘 녹고 거품도 빨리 올라온다(p.40 참조).
5 믹서의 고속으로 휘핑한 다음 저속으로 내려 거품 입자를 일정하게 고른다.
tip 반죽을 떨어뜨려 보았을 때 자국이 2~3초 동안 그대로 남아 있을 정도까지 휘핑한다.
6 냄비에 버터, 오렌지제스트, 오렌지주스를 넣고 불에 올려 45℃까지 데운다.
7 ⑤의 반죽을 큰 볼에 옮겨 담고 ②의 박력분을 넣은 다음 고무주걱으로 가볍게 섞는다.
8 ⑥을 넣고 고무주걱으로 가볍게 섞는다.
9 종이 틀에 80% 정도 팬닝한다.
10 틀째로 바닥에 살짝 쳐서 큰 기포를 제거한다.
11 140℃ 컨벡션 오븐에서 25분 정도 굽는다.
12 식힘망에 올려 완전히 식힌다.

마무리

13 ⑫의 반죽에 1/4 등분한 오렌지 콩피(분량 외)를 올리고 ①의 글라세를 얇게 바른다.
14 210℃ 컨벡션 오븐에서 1~2분 정도 건조시킨다.

CAKE AUX ABRICOTS SECS
살구 파운드

카트르 카르(Quatre-quarts)는 버터, 설탕, 달걀, 밀가루 네 가지 재료를 똑같은 비율로 배합해 만드는 케이크를 가리킨다. 영국에서는 1파운드씩 재료를 섞어 만들기 때문에 파운드 케이크라고 부른다.
살구 파운드는 살구와 피스타치오 두 종류의 반죽을 마블 모양으로 섞어 굽고 키르슈 시럽을 듬뿍 발라 촉촉함과 향을 더했다. 키르슈(Kirsch)는 럼 다음으로 과자에 많이 사용되는 리큐어로 체리의 열매를 분쇄해서 발효시킨 뒤 증류해서 만드는데, 열매를 분쇄할 때 씨가 으깨지며 이 리큐어 특유의 아몬드 향이 생긴다. 과일이나 견과류, 초콜릿과 무난하게 잘 어울린다. 알코올 도수는 40~45도이다.

More details

피스타치오파우더와 피스타치오 페이스트

피스타치오(Pistachio)는 중앙아시아와 서아시아가 원산지로 짙은 초록색을 고르는 것이 좋다. 과자에는 파우더, 페이스트 상태로 가공하거나 알맹이 그대로 장식용으로 사용한다. 피스타치오파우더는 오뗄두스에서 애용하는 재료 중 하나로 시중에서 구하기 어렵다면 피스타치오를 직접 갈아 써도 된다. 피스타치오를 갈아서 페이스트 상태로 만든 피스타치오 페이스트는 로스트해서 간 것, 설탕이나 유지, 착색제를 첨가한 것 등 제품에 따라 풍미나 색이 다르다. 오뗄두스에서는 색과 향, 맛이 뛰어난 이탈리아 시칠리아산 피스타치오 페이스트를 사용한다.

15 ——→ 틀에 버터 바르기
16 ——→ 반죽 짜기
18 ——→ 마블 무늬 만들기
20 ——→ 시럽 바르기

RECIPE

4.5×19.5㎝ 10개 분량

살구잼

설탕A 112g
펙틴(잼용) 20g
살구 퓌레 500g
설탕B 175g
물 100g
물엿 38g
레몬즙 37g

키르슈 시럽

물 270g
설탕 330g
키르슈 300g

살구 파운드 반죽

박력분 222g
베이킹파우더 2g
아몬드파우더 51g
버터 244g
설탕 244g
달걀 205g
살구 콩포트(p.133 참조) 313g

피스타치오 파운드 반죽

박력분 213g
베이킹파우더 1.6g
아몬드파우더 50g
버터 234g
설탕 234g
달걀 196g
피스타치오 페이스트 93g

살구잼

1 팽 데피스의 살구잼 공정과 동일하다(p.117 참조).

키르슈 시럽

2 냄비에 물과 설탕을 넣고 불에 올려 끓인다.
3 완전히 식힌 다음 키르슈를 넣고 섞는다.

살구 파운드 반죽

4 박력분과 베이킹파우더는 함께 체 치고 아몬드파우더는 따로 체 친다.
5 믹서볼에 포마드 상태의 버터, 설탕을 넣고 비터로 섞는다.
6 실온의 달걀을 조금씩 나눠 넣으면서 섞는다.
tip 차가운 달걀을 넣으면 버터가 굳어져 잘 섞이지 않는다.
7 ④의 아몬드파우더를 넣고 섞는다.
tip 아몬드파우더는 글루텐이 없어 많이 섞어도 식감이 질겨지지 않는다. 아몬드파우더를 섞은 다음 박력분을 넣는 것이 효율적으로 잘 섞인다.
8 ④의 박력분과 베이킹파우더를 넣고 섞는다.
9 잘게 다진 살구 콩포트를 넣고 섞는다.

피스타치오 파운드 반죽

10 박력분과 베이킹파우더는 함께 체 치고 아몬드파우더는 따로 체 친다.
11 믹서볼에 포마드 상태의 버터, 설탕을 넣고 비터로 섞는다.
12 실온의 달걀을 조금씩 나눠 넣으면서 섞는다.
13 ⑩의 아몬드파우더를 넣고 섞는다.
14 ⑩의 박력분과 베이킹파우더를 넣고 섞은 다음 피스타치오 페이스트를 넣고 섞는다.

마무리

15 파운드 틀에 붓으로 버터(분량 외)를 바른다.
16 원형 모양깍지를 끼운 짤주머니에 ⑨의 살구 파운드 반죽을 담고 ⑮의 틀에 128g씩 짠다.
17 원형 모양깍지를 끼운 짤주머니에 ⑭의 피스타치오 파운드 반죽을 담고 ⑯ 위에 102g씩 짠다.
18 포크를 이용해 ⑯과 ⑰의 반죽을 아래위로 가볍게 섞어 마블 무늬를 만든다.
19 170℃ 오븐에서 약 40분 정도 굽는다.
20 틀에서 분리한 다음 식힘망에 올리고 파운드 양옆과 윗면에 ③의 키르슈 시럽을 듬뿍 바른다.
tip 뜨거울 때 발라야 속까지 잘 스며든다. 또한 알코올이 증발하면서 키르슈의 풍부한 향만 남게 된다.
21 ①의 살구잼에 물을 조금 넣고 끓인 다음 표면에 바르고 건살구(분량 외), 피스타치오 (분량 외)를 올려 장식한다.

CAKE AUX NOISETTES
헤이즐넛 파운드

통헤이즐넛과 헤이즐넛파우더를 풍부하게 사용한 헤이즐넛 파운드 위에 다쿠아즈로 포인트를 준 케이크이다. 버터는 피낭시에처럼 태운 헤이즐넛 버터를 사용한다. 견과류의 고소한 맛과 향, 버터의 깊은 풍미가 더할 나위 없이 잘 어우러진다.

More details

헤이즐넛

헤이즐넛(Hazelnut)은 프랑스어로 누아제트(Noisette)라고 하며 개암나무의 열매이다. 고소한 향과 섬세한 풍미를 지녔다. 알맹이의 얇은 갈색 껍질은 오븐에서 구운 다음 벗겨 사용한다. 유지 함량이 높아 헤이즐넛유도 만들어지고 있다. 껍질째 사용하면 풍미가 좋은 아몬드와 달리 헤이즐넛 껍질은 소화가 어렵다. 유럽에서는 맛이 좋고 향이 강한 이탈리아 피에몬테산을 선호한다.
오뗄두스에서는 구움과자와 프랄리네 등의 제조에 헤이즐넛파우더와 통헤이즐넛을 많이 사용한다.

06
08
10
11
14
15

RECIPE

4.5×19.5㎝ 7개 분량

다쿠아즈

아몬드파우더 132g
슈거파우더 120g
박력분(K-아트리제) 22g
흰자 200g
설탕 60g
이나겔 C-300 2g

럼 시럽

물 90g
설탕 112g
럼 100g

헤이즐넛 파운드 반죽

통헤이즐넛 294g
박력분 353g
베이킹파우더 3g
헤이즐넛파우더 101g
달걀 260g
황설탕 134g
설탕 235g
소금 2.5g
헤이즐넛 버터 260g

06 ——→ 헤이즐넛 굽기
08 ——→ 미지근하게 데우기
10 ——→ 헤이즐넛 버터 섞기
11 ——→ 헤이즐넛 섞고 휴지시키기
14 ——→ 모양 짜기
15 ——→ 헤이즐넛 반태 올리기

다쿠아즈

1 아몬드파우더, 슈거파우더, 박력분을 함께 체 친다.
2 흰자에 설탕, 이나겔 C-300을 2~3회에 나눠 넣으면서 끝이 살짝 휘어지는 부드러운 머랭을 만든다.
3 ①의 가루 재료를 넣고 고무주걱으로 가볍게 섞은 다음 생토노레 모양깍지를 끼운 짤주머니에 담는다.

럼 시럽

4 냄비에 물과 설탕을 넣고 불에 올려 끓인다.
5 완전히 식힌 다음 럼을 넣고 섞는다.

헤이즐넛 파운드 반죽

6 통헤이즐넛은 160℃ 컨벡션 오븐에서 단면이 갈색이 될 때까지 충분히 구운 다음 반으로 자른다.
7 박력분과 베이킹파우더는 함께 2번 체 치고 헤이즐넛파우더는 따로 체 친다.
8 볼에 달걀, 황설탕, 설탕, 소금을 넣고 거품기로 저어가며 중탕으로 30℃ 정도까지 미지근하게 데운다.
9 ⑦의 헤이즐넛파우더를 넣고 섞은 다음 박력분과 베이킹파우더를 넣고 섞는다.
10 40℃의 헤이즐넛 버터를 넣고 거품기로 섞는다.
tip 필요한 헤이즐넛 버터보다 25% 정도 많은 양의 버터를 태운다. 260g의 헤이즐넛 버터에는 325g 정도의 버터가 필요하다.
11 ⑥을 넣고 고무주걱으로 섞은 다음 30분 동안 냉장고에서 휴지시킨다.

마무리

12 파운드 틀에 붓으로 버터(분량 외)를 바른다.
13 원형 모양깍지를 끼운 짤주머니에 ⑪의 헤이즐넛 파운드 반죽를 담고 ⑫의 틀에 190g씩 짠다.
14 ③의 다쿠아즈를 ⑬ 위에 지그재그 모양으로 짠다.
15 슈거파우더(분량 외)를 뿌리고 헤이즐넛 반태(분량 외)를 올린다.
16 165℃ 오븐에서 35분 동안 굽는다.
17 틀에서 분리한 다음 식힘망에 올리고 파운드 양옆에 ⑤의 럼 시럽을 듬뿍 바른다.
tip 뜨거울 때 발라야 속까지 잘 스며든다. 또한 알코올이 증발하면서 럼의 풍부한 향만 남게 된다.
tip 럼은 견과류와 잘 어울리는 리큐어이다.

PAIN D'ÉPICES
팽 데피스

팽 데피스는 반죽에 시나몬, 넛메그, 아니스, 클로브 등의 향신료와 꿀을 듬뿍 넣은 '향신료 빵'이다. 10세기경 중국에서 밀가루와 꿀로 만든 병사들의 보존식이 몽골, 중동으로 전해졌고 11세기경 십자군 원정으로 유럽으로 건너가면서 향신료가 더해져 지금의 팽 데피스가 되었다고 한다.
프랑스에서 최초로 팽 데피스를 만들기 시작한 곳은 샹파뉴 지방의 랭스(Reims)로, 1596년에 앙리 4세 공인의 팽 데피스 제조자 조합이 설립되었고 프랑스 혁명 전까지 유일하게 팽 데피스를 생산할 수 있었다고 한다. 이후 부르고뉴 지방의 디종(Dijon)에 우위를 빼앗겨 지금은 머스터드와 더불어 디종을 대표하는 명물이 되었다. 디종의 팽 데피스(Pain d'épices de Dijon)가 밀가루만으로 만드는 것에 반해 랭스는 호밀가루를 섞어 만드는 것이 특징이며, 알자스의 팽 데피스(Pain d'épices d'Alsace)는 쿠키 타입으로 스페퀼로스와 흡사하다.
오뗄두스에서는 오렌지 콩피즐리를 듬뿍 넣어 익숙하지 않은 향신료의 맛과 향을 한층 부드럽게 만들었다.

More details

벌꿀

설탕보다 훨씬 이전부터 사용된 천연 감미료로 약 80%의 당분과 20%의 수분으로 이루어져 있다. 깊이 있는 진한 단맛과 보습성으로 구움과자에 사용하면 풍미와 촉촉한 식감을 더할 수 있다. 또한 색이나 고소한 향을 내는 마이야르 반응이 쉽게 일어나 과자를 먹음직스럽게 만든다. 꿀의 당도는 설탕의 약 80%로 수분이 적어서 보존성이 좋고 부패하거나 곰팡이가 생기지 않는다. 하지만 60℃ 이상의 고온으로 가열하면 성분이 파괴된다. 설탕의 절반 정도, 또는 과자에 따라서는 전체를 꿀로 대체할 수 있지만 단맛이 달라지므로 기호에 따라 양을 조절하는 것이 좋다.

08 ——• 스타아니스 우려내기
09 ——• 향신료 섞기
14 ——• 오렌지 콩피 섞기
15 ——• 팬닝하기

RECIPE

4.5×19.5㎝ 10개 분량

살구잼

설탕A 175g
펙틴(잼용) 20g
살구 퓌레 500g
설탕B 112g
물 100g
물엿 38g
레몬즙 37g

파운드 반죽

통호밀가루 330g
강력분 90g
옥수수전분 60g
베이킹파우더 30g
우유 210g
스타아니스 6개
곱게 간 생강 18g
시나몬파우더 12g
카르다몸파우더 6g
클로브파우더 3g
카소나드 43g
달걀 270g
물엿 150g
꿀 480g
버터 210g
오렌지 콩피 480g

살구잼

1 설탕A와 펙틴을 잘 섞는다.
tip 펙틴을 설탕과 잘 섞어두지 않으면 수분 재료에 넣었을 때 덩어리지게 된다.
2 냄비에 살구 퓌레, 설탕B, 물, 물엿을 넣고 불에 올려 80℃까지 끓인다.
3 ①을 넣으면서 덩어리지지 않게 거품기로 섞는다.
4 3분 정도 더 끓이고 불에서 내려 레몬즙을 넣고 식힌다.
5 냉장고에 보관하고 사용할 때 물을 더해 끓인다.

파운드 반죽

6 통호밀가루, 강력분, 옥수수전분, 베이킹파우더를 함께 체 친다.
7 냄비에 우유를 넣고 불에 올려 가장자리에 잔 거품이 일 정도까지 끓인다.
8 스타아니스를 넣고 뚜껑을 덮어 1시간 동안 맛과 향을 우려낸 다음 체에 거른다.
9 볼에 ⑥의 가루 재료, 곱게 간 생강, 시나몬파우더, 카르다몸파우더, 클로브파우더, 카소나드를 넣고 섞는다.
tip 생강은 스타아니스와 함께 우유에 우려내도 된다.
tip 향신료의 종류와 양은 기호에 맞게 조절할 수 있다.
10 실온 상태의 달걀을 넣고 거품기로 섞는다.
tip 섞는 재료의 온도는 서로 비슷하게 맞춰주는 것이 좋다.
11 ⑧의 우유를 넣고 중심부터 바깥으로 서서히 휘저어가며 거품기로 섞는다.
tip 글루텐이 생기지 않도록 주의하며 섞는다.
12 중탕으로 데운 물엿과 꿀을 넣고 중심부터 바깥으로 서서히 휘저어가며 거품기로 섞는다.
13 녹인 버터를 넣고 섞으면서 완전히 유화시킨다.
14 다진 오렌지 콩피를 넣고 섞는다.
15 틀에 210g씩 팬닝한다.
16 175℃ 오븐에서 40분 동안 굽는다.
17 틀에서 분리한 다음 식힘망에 올리고 냉장고에 넣어 하룻밤 완전히 식힌다.
18 살구잼에 물을 조금 넣고 끓인 다음 표면에 바르고 시나몬스틱(분량 외), 스타아니스(분량 외), 오렌지 콩피(분량 외) 등을 올려 장식한다.

MACARON AU CHOCOLAT

초콜릿 마카롱

20년 동안 한결같이 프렌치 머랭으로 마카롱을 만들어왔지만 이 책에서는 프렌치 머랭에 비해 공정이 조금 덜 까다롭고 실패율이 낮은 이탈리안 머랭의 마카롱을 소개한다. 코코아파우더 분량만큼 아몬드파우더로 대체하고 색소를 첨가하면 다른 색상의 마카롱을 만들 수 있다.

마카롱의 원형은 8세기경 이탈리아 베네치아에서 만들어진 수도승의 배꼽을 닮은 '마카로네'라는 과자라고 한다. 16세기 피렌체 부호의 딸인 카트린느 드 메디시스가 앙리 2세에게 시집오면서 프랑스에 전해졌다. 계율이 엄격한 수도원에서는 육식을 금지했기 때문에 단백질이 풍부하고 영양가 높은 아몬드와 달걀 흰자를 사용한 마카롱이 발달했고 프랑스 각지에서 다양한 마카롱이 만들어지게 되었다. 카트린느 드 메디시스가 전한 정통 마카롱은 로렌 지방 낭시의 생 사크르망 교회가 원조이다. 카트린느 드 메디시스의 손자뻘인 카트린느 드 로렌이 이 교회를 설립하면서 이곳에 메디시스 가문의 정통 마카롱 레시피가 전해졌기 때문이다.

두 장의 마카롱 사이에 필링을 넣은 지금의 파리지앵 스타일은 20세기 초 파리의 라뒤레에서 처음 개발했다.

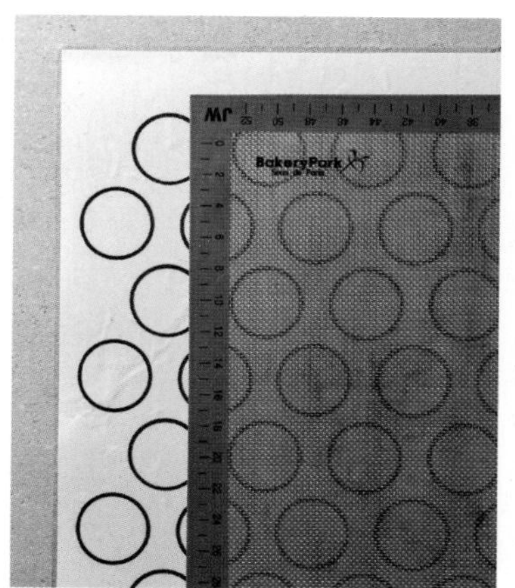

More details

마카롱 이야기

마카롱은 프랑스 각지에서 저마다 독자적으로 발전했는데, 벌꿀이 들어 있어 쫀득한 아미앵(Amiens), 달콤한 화이트와인을 넣어 만드는 생테밀리옹(Saint-Émilion), 커다랗고 바삭바삭한 식감의 샤토랭(Châteaulin), 편평한 모양의 낭시(Nancy), 숟가락으로 떠서 굽는 불래(Boulay), 스페인산 아몬드로 만드는 생장드뤼즈(Saint-Jean-de-Luz), 헤이즐넛을 사용하는 마시악(Massiac), 짜서 만드는 몽모리용(Montmorillon) 등 그 종류만도 상당하다.

우리가 흔히 알고 있는 알록달록한 마카롱은 파리와 파리 근교 지역의 것으로, 표면이 매끈하고 마카롱 안의 증기가 나오면서 생기는 '피에'라는 프릴이 달려 있다. 실리콘패드나 종이 밑에 그림판을 대고 일정한 크기로 짠 다음 표면을 말려 굽는다.

09 ——• 단단한 머랭 만들기
10 ——• 가루 재료와 머랭 섞기
11 ——• 윤기 나는 반죽 만들기
12 ——• 동그랗게 짜기

RECIPE

지름 3㎝ 약 60개 분량(샌드한 것)

가나슈

다크초콜릿(페루 64%) 380g
생크림 380g
트리몰린 63g

반죽

아몬드파우더 250g
슈거파우더 300g
코코아파우더 50g
설탕 300g
물 80g
흰자A 110g
흰자B 110g

가나슈

1 다크초콜릿은 잘게 다진다.

2 끓인 생크림, 트리몰린을 넣고 핸드블렌더로 섞으면서 유화시킨다.
tip 트리몰린은 설탕의 재결정을 막아주고 촉촉함을 더하는 역할을 한다.
tip 핸드블렌더로 섞으면 공기가 들어가지 않고 쉽게 유화시킬 수 있다.

3 트레이에 부어 랩을 밀착시켜 덮은 다음 냉장고에서 짤 수 있을 굳기가 될 때까지 식힌다.

4 섞지 않고 그대로 짤주머니에 담는다.
tip 가나슈를 불필요하게 섞으면 분리될 수 있다.

반죽

5 아몬드파우더, 슈거파우더, 코코아파우더를 함께 체 친다.

6 냄비에 설탕과 물을 넣고 불에 올려 118℃까지 끓인다.

7 믹서볼에 실온 상태의 흰자A를 넣고 거품기로 60~70%까지 휘핑한다.

8 ⑥의 시럽을 ⑦의 믹서볼 벽면을 따라 천천히 흘려 넣으면서 고속으로 휘핑한다.
tip 흰자를 60~70%까지 거품 내 시럽을 넣으면 흰자가 익지 않는다(p.40 참조).
tip 시럽은 믹서볼 벽면을 따라 흘려 넣어야 튀지 않는다. 특히 소량으로 만들 경우 분량이 줄어들어 많은 영향을 준다.

9 중속으로 휘핑하면서 식힌다.
tip 끝이 뾰족하고 윤기 나면서 단단한 머랭을 만든다.

10 볼에 흰자B, ⑤의 가루 재료, ⑨의 머랭을 넣고 고무주걱으로 섞는다.

11 반죽에 윤기가 나면서 주걱으로 떠 봤을 때 천천히 떨어지는 정도까지 섞은 다음 지름 1.5㎝ 원형 모양깍지를 끼운 짤주머니에 담는다.
tip 짰을 때 뿔이 생길 정도까지 섞는다. 이 뿔은 철판을 살짝 두드리면 없어진다.

12 실리콘패드 위에 지름 3㎝ 크기로 짠다.
tip 원하는 지름의 그림판을 실리콘패드 아래에 깔면 동일한 크기로 짤 수 있다.

13 실온에서 30분 동안 건조시킨다.
tip 반죽을 만졌을 때 손에 묻어나지 않을 정도까지 건조시킨다.
tip 그대로 굽게 되면 반죽 속의 수증기가 위로 터져 나오게 된다. 적당히 건조시키면 수증기가 바닥(피에)으로 나오게 되면서 뽀송하고 부드럽게 구워진다.

14 150℃ 오븐에서 10분 정도 굽는다.

15 완전히 식으면 실리콘패드에서 조심스럽게 떼어낸다.

16 셸의 바닥 부분에 ④의 가나슈를 짜고 다른 1장의 셸을 마주보게 덮은 다음 냉장고에서 24시간 숙성시킨다.

PETIT MARRON
프티 마롱

버터 케이크 반죽에 마롱 페이스트와 밤 콩포트로 포인트를 준 묵직한 식감의 구움과자이다. 콩포트용 밤은 작은 크기의 냉동 밤을 사용해 조린다. 반죽은 마롱 페이스트와 포마드 상태의 버터, 설탕, 달걀을 푸드프로세서에 넣고 한꺼번에 섞기 때문에 비교적 쉽게 만들 수 있다.

More details

마롱

밤을 프랑스어로 '마롱(Marron)' 또는 '샤테뉴(Châtaigne)'라고 한다. 마롱은 특히 하나의 겉껍질 속에 알이 1개 밖에 들어 있지 않고 모양이 좋은 고급 품종을 가리키는 경우가 많은데, 마롱 글라세에 많이 사용된다. 과자에 사용하는 마롱 제품으로는 시럽의 농도를 서서히 높이면서 졸이는 마롱 글라세, 시럽에 절인 마롱 오 시로, 설탕이 들어가지 않은 퓌레 드 마롱(밤 퓌레), 밤 퓌레에 설탕, 바닐라를 넣은 크렘 드 마롱(마롱 크림), 마롱 크림보다 단단한 파트 드 마롱(밤 페이스트) 등이 있다.

03 ——• 밤 콩포트 만들기
05 ——• 푸드프로세서로 반죽 섞기
08 ——• 밤 콩포트 토핑하기

RECIPE

긴 지름 7.3㎝ 타원형 약 20개 분량

밤 콩포트

밤(냉동) 400g
물 500g
설탕 355g

마롱 반죽

아몬드파우더 80g
박력분 24g
강력분 12g
마롱 페이스트 276g
버터 138g
슈거파우더 128g
달걀 110g

밤 콩포트

1 밤을 냉장고에서 해동한다.
2 냄비에 ①과 물, 설탕을 넣고 불에 올려 끓인다.
3 불을 끄고 그대로 완전히 식힌 다음 용기에 담아 냉장고에 보관한다.

마롱 반죽

4 아몬드파우더, 박력분, 강력분을 함께 체 친다.
5 푸드프로세서에 마롱 페이스트, 포마드 상태의 버터, 슈거파우더, 실온의 달걀을 넣고 섞는다.
6 볼에 옮겨 담은 다음 ④의 가루 재료를 넣고 고무주걱으로 섞는다.
7 원형 모양깍지를 끼운 짤주머니에 담고 버터(분량 외)를 바른 틀에 팬닝한다.
tip 많이 부풀지 않는 반죽이므로 틀의 90% 정도까지 팬닝한다.
8 ③의 밤 콩포트를 1개씩 올린다.
9 170℃ 컨벡션 오븐에서 20분 정도 굽는다.

KOUGELHOF AU CHOCOLAT
초콜릿 쿠글로프

아몬드 페이스트와 오렌지 콩피를 듬뿍 넣은 초콜릿 반죽을 다크초콜릿으로 코팅하고 그 위에 시럽에 담가 결정화시킨 호두를 장식으로 올렸다. 오렌지 콩피의 단맛과 은은한 향이 초콜릿의 쌉싸래함과 잘 어울리는 제품이다.

More details

실리콘 몰드

실리콘 몰드는 종류가 다양하고 냉동부터 굽기까지 사용할 수 있는 온도대가 넓어 활용하기 좋지만 가격이 비싸다는 단점이 있다. 열전도율이 낮아 무스 등의 케이크 제조에 적합하고 열을 많이 필요로 하지 않는 초콜릿 케이크를 굽기에도 좋다.

More details

아몬드 페이스트

아몬드와 설탕을 기본으로 한 페이스트로 프랑스어로는 파트 다망드(Pâte d'amande), 독일어로는 마르치판(Marzipan)이라고 한다. 오뗄두스에서는 직접 만들거나 품질이 뛰어난 독일 뤼베크(Lübeck)산(産)의 마지팬을 사용한다. 반죽에 넣을 경우 촉촉함과 부드러움을 더해준다.

02 ——• 시럽에 호두 담그기
04 ——• 오븐에서 호두 굽기
10 ——• 팬닝하기
13 ——• 초콜릿 씌우기

RECIPE

지름 7.5㎝ 약 35개 분량

호두 장식

물 130g
설탕 169g
호두 반태 175g

반죽

아몬드파우더 71g
박력분 224g
코코아파우더 56g
버터 384g
설탕 272g
소금 3.5g
아몬드 페이스트 216g
노른자 101g
달걀 298g
생크림 71g
오렌지 콩피 293g
호두 분태 80g

마무리

코팅용 다크초콜릿 700g

호두 장식

1 냄비에 물과 설탕을 넣고 불에 올려 끓인 다음 식힌다.
2 호두 반태를 ①에 하루 동안 담가둔다.
tip 시럽에 담가두면 호두가 결정화된다.
3 체에 거른 다음 실리콘패드에 넓게 펼친다.
4 150℃ 오븐에서 20분 동안 굽는다.

반죽

5 아몬드파우더, 박력분, 코코아파우더를 함께 체 친다.
6 푸드프로세서에 포마드 상태의 버터, 설탕, 소금, 아몬드 페이스트를 넣고 섞는다.
7 노른자, 달걀, 생크림을 2~3회에 나눠 넣으면서 섞는다.
8 잘게 썬 오렌지 콩피, 호두 분태를 넣고 섞는다.
9 냉장고에서 약 1시간 정도 휴지시킨다.
10 원형 모양깍지를 끼운 짤주머니에 담고 쿠글로프 모양의 실리콘몰드에 60g씩 팬닝한다.
11 150℃ 컨벡션 오븐에서 20분 정도 굽는다.
12 몰드를 제거하고 식힘망에 올려 식힌다.

마무리

13 ⑫의 반죽 위에 녹인 코팅용 다크초콜릿을 씌운다.
14 ④의 호두 장식을 1개씩 올린다.

CAKE AUX ABRICOTS SECS ET AUX PISTACHES

살구&피스타치오 케이크

피스타치오 반죽 위에 코코넛 다쿠아즈를 짜서 구운 과자로, 부드러운 파운드 케이크와 고소한 다쿠아즈의 두 가지 맛과 식감을 함께 즐길 수 있다. 굽기 전 코코넛 다쿠아즈 표면에 슈거파우더를 두 번 뿌려 겉은 바삭, 속은 뽀송하게 굽는 것이 포인트이다. 피스타치오, 살구, 코코넛의 3박자가 훌륭하다.

More details

이나겔 C-300

머랭용 안정제로 적은 양의 설탕으로 머랭을 만들 때 넣으면 기포의 크기가 일정하고 결이 고운 단단한 머랭을 만들 수 있으며 작업성도 좋아진다. 구연산, 한천 등이 주성분으로 사용량은 흰자 무게의 1~3%. 설탕과 섞어 사용하면 덩어리지지 않고 흰자에 잘 분산된다. 한국 마루비시에서 수입, 판매하고 있다.

02 ——• 살구 콩포트 시럽 제거하기
11 ——• 피스타치오 페이스트 섞기
13 ——• 살구 콩포트 토핑하기
14 ——• 스패튤러로 모양 다듬기

RECIPE

긴 지름 7.3㎝ 타원형 약 30개 분량

살구 콩포트

물 200g
설탕 160g
건살구 200g

코코넛 다쿠아즈

아몬드파우더 96g
슈거파우더 96g
코코넛파우더 32g
박력분 16g
흰자 160g
설탕 48g
이나겔 C-300 2g

피스타치오 반죽

아몬드파우더 36g
박력분 156g
베이킹파우더 1g
버터 172g
설탕 172g
달걀 144g
피스타치오 페이스트 68g

마무리

키르슈 150g

살구 콩포트

1 냄비에 모든 재료를 넣고 70브릭스(Brix)가 될 때까지 졸인다.
2 살구를 키친타월 위에 올려 시럽을 제거한 다음 4등분으로 자른다.

코코넛 다쿠아즈

3 아몬드파우더, 슈거파우더, 코코넛파우더, 박력분을 함께 체 친다.
4 믹서볼에 실온의 흰자를 넣고 살짝 거품을 낸 다음 설탕, 이나겔 C-300을 2~3회에 나눠 넣으면서 거품기로 휘핑해 끝이 휘어지는 부드러운 머랭을 만든다.
tip 흰자에 비해 설탕량이 적어 설탕을 처음부터 넣는 것이 좋다(p.40 참조).
5 ③의 가루 재료를 넣고 고무주걱으로 가볍게 섞는다.
6 원형 모양깍지를 끼운 짤주머니에 담는다.

피스타치오 반죽

7 아몬드파우더, 박력분, 베이킹파우더를 함께 체 친다.
8 푸드프로세서에 포마드 상태의 버터, 설탕을 넣고 섞는다.
9 달걀을 2~3회 나눠 넣으면서 섞는다.
tip 이 단계에서 버터와 설탕, 달걀이 완전히 유화될 수 있도록 잘 섞는다.
10 ⑦의 가루 재료를 넣고 섞는다.
11 피스타치오 페이스트를 넣고 섞은 다음 원형 모양깍지를 끼운 짤주머니에 담는다.

마무리

12 버터를 바른 틀에 ⑪의 피스타치오 반죽을 20g씩 팬닝한다.
13 ②의 살구 콩포트를 3개씩 올리고 냉장고에서 약 1시간 정도 휴지시킨다.
14 ⑥의 코코넛 다쿠아즈를 짜고 스패튤러로 모양을 매끈하게 다듬는다.
tip 가운데가 살짝 올라오게 하면 구웠을 때 모양이 예쁘다.
15 윗면에 슈거파우더(분량 외)를 뿌리고 녹으면 1번 더 뿌린다.
tip 슈거파우더를 뿌리면 설탕막으로 인해 수분이 적당히 증발하기 때문에 겉은 바삭, 속은 뽀송하고 부드럽게 구워진다.
16 170℃ 컨벡션 오븐에서 20~25분 동안 굽는다.
17 틀을 제거하고 뜨거울 때 ⑥의 코코넛 다쿠아즈 부분을 제외한 ⑪의 피스타치오 반죽에 붓으로 키르슈를 살짝 바른다.
tip 뜨거울 때 리큐어를 바르면 알코올은 날아가고 은은한 향만 남게 된다.

TERRINE AU CHOCOLAT
테린 쇼콜라

새콤한 프랑부아즈 젤리와 진한 다크초콜릿 테린의 조합이 아주 뛰어나다.
테린(Terrine)은 프랑스어로 단지나 항아리를 가리키며, 다진 고기와 양념을 사각형 단지에 채운 요리 역시 테린이다. 테린 쇼콜라는 사각형 틀에 초콜릿 반죽을 넣어 중탕으로 굽는데 그 모양이 요리 테린을 닮아 붙여진 이름이다.
가토 쇼콜라와 테린 쇼콜라의 가장 큰 차이점은 기포의 유무로, 가토 쇼콜라는 머랭을 섞거나 반죽을 휘핑해 공기를 넣는 반면 테린 쇼콜라는 가능한 기포가 들어가지 않게 섞어 생초콜릿처럼 농후하면서도 입에서 사르르 녹는 식감을 강조한 제품이다. 이런 식감을 위해 가루 재료도 소량만 사용한다.

More details
구연산

구연산(Citric acid)은 과일의 산미 성분의 하나로, 감귤류, 딸기 등의 과일에 포함되어 있다. 식품 공업에서 pH의 안정화 및 항산화제의 효과 증강 목적으로 사용된다. 파트 드 프뤼에서는 반죽을 산성에 가깝게 만들어 펙틴의 응고를 돕는다. 과일의 산미를 보충하고 단맛과의 밸런스를 좋게 하는 효과도 기대할 수 있다.

More details
K-아트레제

오뗄두스에서 사용하는 K-아트레제(K-Artrejie)는 용도에 맞게 특수 제작된 초미립자 박력분이다. 입자가 일반 박력분보다 훨씬 미세하고 글루텐과 전분 함량이 케이크에 최적화되어 있어 더 촉촉하고 부드러운 케이크를 만들 수 있다. 한국 마루비시에서 판매하고 있다.

05 ——→ 파트 드 프뤼 굳히기
09 ——→ 핸드블렌더로 반죽 유화시키기
12 ——→ 팬닝하기
13 ——→ 중탕으로 굽기

RECIPE

4.5×19.5㎝ 6개 분량

파트 드 프뤼

설탕A 36g
펙틴(젤리용) 13g
프랑부아즈 퓌레 263g
카시스 퓌레 156g
설탕B 254g
트레할로스 182g
물엿 61g
물 5g
구연산 5g

반죽

박력분(K-아트레제) 22g
옥수수전분 22g
다크초콜릿(베트남 73%) 331g
버터 310g
설탕 144g
달걀 216g

파트 드 프뤼

1 설탕A와 펙틴을 잘 섞는다.
tip 펙틴을 설탕과 잘 섞어 사용하지 않으면 수분 재료에 넣었을 때 덩어리지게 된다.
2 냄비에 프랑부아즈 퓌레, 카시스 퓌레, 설탕B, 트레할로스, 물엿을 넣고 불에 올려 80℃까지 끓인다.
3 ①을 넣으면서 덩어리지지 않게 거품기로 섞는다.
4 106℃까지 끓으면 물에 녹인 구연산을 넣고 섞는다.
tip 물과 구연산을 섞어 전자레인지에 데우면 구연산이 쉽게 녹는다.
tip 구연산은 젤리용 펙틴을 굳히는 작용을 한다.
5 실리콘패드 위에 각봉을 올리고 ④를 부어 굳힌다.
6 2×19㎝ 크기로 자른다.

반죽

7 박력분과 옥수수전분을 함께 체 친다.
8 50℃로 녹인 다크초콜릿에 40℃로 녹인 버터를 넣고 거품기로 섞는다.
9 설탕과 달걀을 넣고 섞은 다음 핸드블렌더로 유화시킨다.
tip 핸드블렌더로 완전히 유화시키지 않으면 구웠을 때 분리된 듯한 식감이 난다.
10 ⑦의 가루 재료를 넣고 섞는다.
11 버터를 바르거나 유산지를 깐 틀에 1/3 높이까지 팬닝한다.
12 ⑥의 파트 드 프뤼를 올리고 다시 2/3 높이까지 반죽을 팬닝한다.
13 윗불 140℃, 아랫불 110℃ 데크 오븐에서 약 50분 정도 중탕으로 굽는다.
14 완전히 식으면 냉장고에 넣어 하룻밤 동안 굳힌다.
15 틀을 제거하고 윗면에 코코아파우더(분량 외)를 뿌린다.

KOUGELHOF AUX ORANGES CONFITES
오렌지 쿠글로프

프랑스 알자스를 대표하는 과자로 비스듬한 줄무늬와 가운데 구멍이 나 있는 특유의 도기 틀에 굽는 것이 특징이다. '쿠겔호프(kugelhopf)'라고도 부르는데, 독일어로 쿠겔은 '구(球)', 호프는 '맥주효모'를 의미한다. 이것은 유럽의 여러 나라와 마찬가지로 알자스에서도 예전부터 쿠글로프와 같은 발효반죽을 만들 때 맥주효모가 사용되었다는 것을 알 수 있게 한다.
동방 박사 세 사람이 그리스도의 탄생을 축하하러 예루살렘에 가는 도중에 알자스 지방의 마을 리보빌레(Ribeauvillé)의 도기 직공에게 하룻밤 숙소를 빌리게 된다. 그 답례로 만든 것이 쿠글로프의 시작이라는 전설이 있다. 이외에도 1770년 루이 16세에 시집온 오스트리아의 마리 앙투아네트에 의해 프랑스에 전해졌다는 설, 폴란드 왕 레크친스키가 태어난 우크라이나 부근에서 17세기 만들어져 그가 나중에 프랑스 로렌 지방의 영주가 되면서 가져 왔다는 설 등 많은 이야기가 전해진다. 제법(製法) 또한 다양한데 오스트리아에서는 카트르 카르(Quatre-Quarts)와 같은 버터 케이크 반죽으로 만든다.
오렌지 쿠글로프는 버터와 아몬드 페이스트, 오렌지 콩피를 듬뿍 넣은 촉촉한 버터 케이크 타입의 리치한 과자이다. 개인적으로 '이처럼 맛있는 반죽은 세상 어디에도 없을 것 같다'고 생각하는 추천 레시피이다.

More details

쿠글로프 틀

독특한 무늬가 그려진 쿠글로프 전용 도자기 틀은 알자스를 대표하는 토산품 중 하나이다. 이 도자기 틀을 사용하면 열이 균등하게 통과해 폭신하게 잘 구워진다. 대중적으로는 금속제 틀을 많이 사용하는데, 도자기 틀과 마찬가지로 깊으면서 비스듬하게 줄무늬가 나 있고 불이 닿기 쉽도록 중앙부에 구멍이 있다. 구멍이 있긴 하지만 틀이 깊어 아래로부터 열이 전달되기 어렵기 때문에 가능하면 아랫불을 강하게 해서 굽는 것이 좋다.

04 ——→ 비터로 반죽 섞기
06 ——→ 오렌지 콩피 섞기
07 ——→ 팬닝하기
09 ——→ 식힘망에 올려 식히기

RECIPE

지름 17㎝ 5개 분량

박력분 210g
베이킹파우더 4.5g
버터 309g
아몬드 페이스트 174g
설탕 219g
소금 3g
아몬드파우더 57g
달걀 240g
노른자 81g
생크림 57g
오렌지 콩피 231g
레몬 콩피 57g

1 박력분과 베이킹파우더를 함께 체 친다.
2 믹서볼에 포마드 상태의 버터와 아몬드 페이스트를 넣고 비터로 섞는다.
3 설탕, 소금을 넣고 섞은 다음 아몬드파우더를 넣고 섞는다.
tip 달걀의 분량이 많아서 분리되는 것을 방지하기 위해 아몬드파우더를 먼저 섞는다.
4 실온의 달걀, 노른자, 생크림을 3~4회에 나눠 넣으면서 섞는다.
5 ①의 가루 재료를 넣고 섞는다.
6 잘게 썬 오렌지 콩피와 레몬 콩피를 넣고 섞는다.
7 버터(분량 외)를 바른 쿠글로프 틀에 반죽을 2/3 정도 채운다.
tip 된 반죽이므로 국자 등으로 떠서 팬닝한다.
8 180℃ 오븐에서 약 40분 정도 굽는다.
tip 윗면에 색이 나면 종이를 덮어 타는 것을 방지한다.
9 오븐에서 나오면 틀을 옆으로 눕혀 두드려가면서 반죽과 분리시킨 다음 식힘망에 올려 식힌다.
tip 틀을 바로 제거하고 식히면 불필요한 수분이 날아가 식감이 개선된다.

ECOSSAIS
에코세

영국은 잉글랜드, 스코틀랜드, 웨일스, 북아일랜드 네 개의 연합국으로 구성되어 있는데, 잉글랜드의 북쪽에 위치한 스코틀랜드를 프랑스어로 에코스(Ecosse), 스코틀랜드 사람 또는 타탄 체크 무늬를 에코세(Ecossais)라고 한다. 스코틀랜드 케이크인 에코세는 두 개의 층으로 되어 있는 모양이 타탄 체크처럼 보여서 붙여진 이름이라고 한다.
부드럽고 리치한 아몬드 시트와 바삭한 초콜릿 다쿠아즈가 층을 이루고 있다. 럼에 절인 건포도를 넣어도 좋을 것 같다.

More details
아몬드 크림

프랑스어로 크렘 다망드(Crème d'amande)라고 하며 버터, 아몬드파우더, 슈거파우더, 달걀을 동량으로 사용해 만드는 제과의 가장 기본적인 크림 중 하나이다. 크림을 만들 때 달걀을 한꺼번에 넣으면 분리되기 쉬운데, 아몬드파우더를 번갈아 넣으면서 섞어주면 분리가 덜 일어난다. 파이, 타르트 충전물이나 빵 위에 토핑으로 많이 사용한다. 아몬드파우더의 일부를 헤이즐넛파우더로 대체하면 고소한 맛을 배가시킬 수 있다.
아몬드 크림과 커스터드 크림을 섞으면 프랑지판 크림, 커스터드 크림과 생크림을 섞으면 디플로마트 크림, 버터와 커스터드 크림을 섞으면 무슬린 크림, 머랭과 커스터드 크림을 섞으면 시부스트 크림이라고 부른다.

03 ——• 단단한 머랭 만들기
10 ——• 틀에 아몬드다이스 묻히기
12 ——• 아몬드 크림 짜기
14 ——• 식힘망에 올려 식히기

RECIPE

7.5×29㎝, 높이 4.5㎝ 3개 분량

다쿠아즈 쇼콜라

아몬드파우더 270g
코코아파우더 33g
슈거파우더 90g
흰자 270g
설탕 180g

아몬드 크림

아몬드파우더 180g
박력분 54g
버터 180g
슈거파우더 180g
달걀 180g

마무리

아몬드다이스 적당량

다쿠아즈 쇼콜라

1 아몬드파우더와 코코아파우더, 슈거파우더를 함께 체 친다.
2 믹서볼에 흰자와 약간의 설탕을 넣고 고속으로 휘핑한다.
tip 처음부터 설탕을 넣고 휘핑하면 밀도 있는 머랭이 만들어진다. 이 머랭은 가루 재료를 섞어도 잘 꺼지지 않는다.
3 나머지 설탕을 4~5회에 나눠 넣으면서 끝이 뾰족하면서 단단한 머랭을 만든다.
4 ①을 넣고 고무주걱으로 원을 그리듯이 섞으면서 가루가 없어질 때까지 섞는다.
5 지름 1.5㎝ 원형 모양깍지를 끼운 짤주머니에 담는다.

아몬드 크림

6 아몬드파우더와 박력분을 함께 체 친다.
7 포마드 상태의 버터에 슈거파우더를 넣고 거품기로 섞는다.
8 달걀을 조금씩 나눠 넣으면서 섞은 다음 ⑥을 넣고 섞는다.
9 원형 모양깍지를 끼운 짤주머니에 담는다.

마무리

10 버터(분량 외)를 듬뿍 바른 틀에 아몬드다이스(분량 외)를 빈틈없이 묻힌다.
11 ⑤의 다쿠아즈 쇼콜라를 틀 모양에 맞게 U자형으로 짠다.
12 가운데 부분에 ⑨의 아몬드 크림을 90%까지 채운다.
tip 오븐에서 구우면 가운데 부분이 부풀어 오르기 때문에 다쿠아즈 쇼콜라보다 살짝 낮게 짜는 것이 좋다.
13 150℃ 컨벡션 오븐에서 50분 동안 굽는다.
14 틀째로 뒤집어 식힘망 위에 올리고 틀을 제거한 다음 완전히 식힌다.

TARTE TATIN
타르트 타탱

지금은 고인이 된 프랑스인 은사가 15년 전 근무하던 일본의 호텔을 방문해 맛보고 칭찬했던 제품이다. 소박하고 멋없는 타르트 타탱이지만 먹는 이에게는 풍요로움을 선사한다. 나라마다 사과 종류는 다르지만 맛있는 타르트 타탱을 만들 수 있는 가장 효율적이고 뛰어난 제법이다.
타르트 타탱은 1890년경 파리에서 차로 1시간 30분쯤 떨어진 솔로뉴 지방의 라모트 뵈브롱(Lamotte-Beuvron)이라는 작은 도시의 역 앞에서 호텔 레스토랑을 운영하던 타탱 자매가 우연히 고안했다고 전해진다. 어느 날 손님에게 낼 사과 타르트를 만들던 두 자매는 실수로 타르트를 뒤집어 굽게 되고 설탕과 버터에 캐러멜리제한 사과를 맛본 손님들은 매우 만족해했다.
하지만 실제로 솔로뉴 지방에는 아주 오래 전부터 거꾸로 굽는 타입의 사과나 서양배 타르트가 있었다고 한다. 즉 타탱 자매의 실수로 타르트 타탱이 만들어진 것이 아닌, 그녀들의 이름과 탄생스토리가 덧붙여지면서 이 지방의 명물로 알려지게 되었다고 보는 견해가 맞을 듯하다.

More details

타르트 타탱 틀과 사과

타르트 타탱용 틀은 원래 윗부분으로 갈수록 조금씩 넓어지는 구리로 된 망케 틀을 사용한다. 오뗄두스에서는 사블레 브르통과 돔 모양의 사과를 각각 굽기 때문에 세르클과 반원형 몰드를 사용했다.
과일 중에서 가장 많이 소비되는 사과는 과자에 사용할 경우 가열을 하는 경우가 많으므로 과육이 단단하고 산미가 있는 품종이 좋다. 프랑스에서는 과육이 단단해 열을 가해도 부서지지 않는 레네트(Reinette)계 품종을 많이 사용한다. 우리나라에서 생산되는 사과 중에서는 홍옥이 단단하고 산미가 많아 과자용으로 가장 적합하다.

08 —— 세르클에 팬닝하기
09 —— 오븐에서 사블레 굽기
11 —— 녹인 버터와 설탕 뿌리기
12 —— 오븐에서 사과 굽기

RECIPE

지름 8㎝ 8개 분량

사블레 브르통

지름 7㎝ 30개 분량

박력분 200g
탈지분유 8g
베이킹파우더 7g
버터 200g
설탕 120g
소금 2g
노른자 48g
프로마주 블랑 8g
럼 20g
바닐라 빈(타히티산) 2g

구운 사과

지름 8㎝ 8개 분량

홍옥 10개
버터(사과의 3%) 33g
설탕(사과의 8%) 100g

사블레 브르통

1 박력분, 탈지분유, 베이킹파우더를 함께 2번 체 친다.
2 믹서볼에 포마드 상태의 버터를 넣고 비터로 부드럽게 푼다.
3 설탕, 소금을 넣고 섞는다.
4 노른자를 조금씩 나누어 넣으면서 섞는다.
5 프로마주 블랑을 넣고 섞는다.
6 럼, 바닐라 빈의 씨를 넣고 섞은 다음 냉장고에서 하룻밤 정도 휴지시킨다.
tip 바닐라 빈은 반을 갈라 칼끝으로 긁어낸 씨 부분을 사용한다.
7 500g씩 분할해 30㎝ 길이의 원통형으로 만든 다음 냉동고에서 썰기 좋은 굳기로 굳힌다.
8 0.8㎝ 두께(무게 약 20g)로 썰어 지름 7㎝ 세르클 안에 팬닝한다.
9 실온에 30분 정도 두었다가 150℃ 컨벡션 오븐에서 25분 동안 굽는다.

구운 사과

10 홍옥은 껍질과 씨를 제거하고 8등분한다.
tip 홍옥은 과육이 단단하고 신맛이 강하며 수분량이 적당하다.
다른 품종의 사과를 사용해도 된다.
11 유산지를 깐 철판에 ⑩을 펼치고 녹인 버터와 설탕을 뿌린다.
12 윗불 180℃, 아랫불 180℃ 데크 오븐에서 약 70분 정도 굽는다.

15 ——• 캐러멜 소스 만들기
16 ——• 틀에 캐러멜 소스 붓기
17 ——• 구운 사과 채우기
18 ——• 오븐에서 굽기

캐러멜 소스

설탕 160g
물 40g

캐러멜 소스

13 동냄비에 설탕을 넣고 중불에 올려 녹인다.
tip 설탕이 녹기 시작하면 나무주걱으로 저으면서 타지 않도록 주의한다.

14 잔거품이 일면서 밝은 갈색이 될 때까지 끓인다.
tip 짙은 갈색이 될 때까지 끓이면 쓴맛이 강해진다.

15 불을 끄고 끓인 물을 조금씩 넣으면서 나무주걱으로 섞는다.
tip 차가운 물을 사용하거나 한꺼번에 많이 부으면 녹은 설탕이 튈 수 있으므로 주의한다.

마무리

16 반원형 틀에 ⑮의 캐러멜 소스를 15g씩 넣은 다음 틀 전체에 소스를 고루 묻힌다.

17 ⑫의 구운 사과를 빼곡히 채운다.

18 윗불 180℃, 아랫불 170℃ 데크 오븐에서 40분 동안 굽는다.

19 틀째로 완전히 식힌다.

20 ⑨의 사블레 브르통 위에 틀을 제거한 ⑲를 올린다.
tip 크렘 샹티이를 곁들여도 잘 어울린다.

More details

설탕과 시럽

설탕은 과자에 단맛을 내고 갈색화 반응(마이야르 반응)을 일으켜 노릇노릇한 색을 입힌다. 수분을 끌어당기는 보수성으로 촉촉함을 더하는가 하면 수분을 빼앗는 탈수작용으로 식품의 보존성을 높이고 달걀이나 생크림 등의 기포 주위에 있는 수분을 녹여 점도를 높이기 때문에 기포를 안정화시키기도 한다.
설탕에 물을 넣고 녹인 시럽(Sirop)을 가열하면 수분이 증발하면서 설탕의 농도가 올라가고 점도가 나오는데, 이러한 성질로 변형된 시럽, 퐁당, 엿, 캐러멜 등 다양한 형태의 설탕을 과자에 응용할 수 있다.

SUGAR

보메 VS 브릭스

설탕의 당도를 나타내는 단위로는 비중계로 측정하는 보메(Baumé)와 굴절 당도계로 측정하는 브릭스(Brix)가 있다. 비중계가 액체만 사용할 수 있는 것에 반해 굴절 당도계는 퓌레나 잼 등 농도가 있는 것도 측정이 가능하다. 제과점에서 많이 사용하는 보메 30° 시럽은 56브릭스(56%)이다.

보메 30° 시럽 VS 보메 18° 시럽

물 100g, 설탕 130~135g으로 만드는 보메 30° 시럽은 제과점에서 가장 많이 사용하는 당도이다. 광택을 내기 위해 제품 표면에 발라 구웠을 때 30° 보다 높으면 색깔이 탁해지고 낮으면 수분이 많아 제품에 스며든다. 또한 30° 는 세균이 번식하지 못하는 당도로 실온에서 1개월 정도 보관할 수 있다. 이 시럽에 동량의 물이나 리큐어를 더하면 보메 18° 가 되는데, 주로 시트에 사용하며 18° 보다 낮은 당도의 시럽을 바르면 시트가 질퍽하게 느껴진다.

시럽, 왜 바를까?

시럽은 과자에 리큐어나 과일 등의 풍미를 더하고 촉촉함을 유지하기 위해 사용한다. 구워져 나온 다음 뜨거울 때 바로 바르면 속까지 깊숙이 스며든다. 많이 바르지 않을 경우에는 한 김 식힌 다음 바르는 것이 좋다. 알코올을 넣은 시럽을 바르면 일반 시럽보다 과자를 두고 먹을 수 있는 기간이 조금 더 길어진다.

온도계 없이 시럽 끓이기

이탈리안 머랭이나 파트 아 봉브에 사용하는 115~118℃의 시럽은 초콜릿용 포크나 원형깍지로 시럽을 떠서 입으로 불면 커다란 풍선이 생긴다. 160℃가 되면 옅은 갈색이, 170℃가 되면 갈색으로 변하며 180℃ 이상이 되면 짙은 갈색이 되면서 단맛 대신 쓴맛이 강해진다.

단맛을 줄이는 방법

감미도가 설탕의 절반 이하인 트레할로스를 설탕 대신 넣으면 단맛을 줄일 수 있다. 보통 설탕의 20~30%, 제품의 완성도가 떨어지지 않는 범위 내에서 최대 40%까지 대체할 수 있다. 설탕에 비해 보습력이 뛰어나 촉촉함이 더 오래가고 맛이나 식감도 크게 달라지지 않지만 칼로리는 설탕과 동일한 4㎉이기 때문에 총 칼로리는 낮아지지 않는다. 물엿의 감미도는 설탕의 40% 수준이며 구움과자나 잼 등에 넣으면 촉촉함이 오래가고 재결정을 방지한다. 벌꿀의 감미도는 설탕의 약 80% 수준으로 대체가 가능하지만 벌꿀의 종류에 따라 맛과 향이 달라질 수 있고 수분량도 조절해야 한다. 또한 오븐에서 쉽게 색이 나기 때문에 오븐의 온도를 내리고 반죽이 잘 부풀지 않기 때문에 베이킹파우더를 사용할 필요가 있다.

SCONE
스콘

거칠게 간 보릿가루로 납작하게 만든 '배넉(Bannock)'이라는 과자가 스콘의 기원이라고 하며 문헌에 처음 등장한 것은 1513년이다. 19세기 중반 베이킹파우더와 오븐이 대중화되어 보급되면서 현재의 두툼한 모양이 되었다. 스콘이라는 이름은 영국 스코틀랜드(Scotland) 바스에 있는 스콘성 국왕의 즉위식에 사용한 의자의 토대가 된 돌이 'The Stone of Scone'으로 불리며 이것에서 유래되었다는 설이 가장 유명하다. 때문에 스콘은 돌 형태로 구워지는 경우가 많았고 신성한 돌인 만큼 칼을 사용하지 않고 균열 있게 구워진 옆면을 손으로 잘라먹는 것이 매너가 되었다.
오뗄두스의 스콘은 생크림과 가루 재료를 번갈아 섞으면서 글루텐 형성을 최소화하고 충분히 휴지시켜 조밀하면서도 부슬부슬한 식감이 특징이다.

More details

베이킹파우더

수분과 열에 반응해 탄산가스를 발생시키고 반죽을 부풀리는 성질을 지닌 화학적 팽창제이다. 예전에는 베이킹소다를 팽창제로 많이 사용했는데, 제품에서 쓴맛이 나거나 색이 노랗게 변하는 결점을 보완한 것이 베이킹파우더이다. 베이킹파우더는 수분을 더하면 반응이 시작되므로 장시간 휴지시키는 반죽에는 적합하지 않다. 넣은 다음에는 가능한 빨리 굽는 것이 좋다. 또한 실온에 오래 두면 부풀리는 능력이 떨어진다. 개봉하면 밀폐해서 햇볕이 들지 않는 시원한 곳에 보관하고 되도록 빨리 사용한다.

10 ——• 반죽 밀어 펴기
11 ——• 팬닝하기
12 ——• 달걀물 덧바르기
13 ——• 오븐에서 굽기

RECIPE

지름 6㎝ 12개 분량

달걀물

달걀 1개
노른자 2개 분량
소금 소량

스콘 반죽

강력분 200g
박력분 160g
베이킹파우더 12g
버터 100g
설탕 100g
달걀 50g
생크림 150g

달걀물

1 달걀, 노른자, 소금을 거품기로 잘 섞는다.
tip 소금을 넣으면 달걀의 끈기가 풀어져 잘 발린다.

스콘 반죽

2 강력분, 박력분, 베이킹파우더를 함께 2번 체 친다.
tip 강력분과 박력분을 함께 사용하면 경쾌하게 바삭거리는 식감을 낼 수 있다.
tip 2번 체 치면 가루 사이에 공기가 많이 들어가서 다른 재료와 잘 섞인다.

3 믹서볼에 포마드 상태의 버터를 넣고 거품기로 부드럽게 푼다.

4 설탕을 넣고 하얗게 될 때까지 휘핑한다.

5 실온 상태의 달걀을 2~3번에 나눠 넣으면서 휘핑한다.
tip 섞는 재료의 온도는 서로 비슷하게 맞춰주는 것이 좋다.

6 실온 상태의 생크림 1/2을 넣고 비터의 저속으로 섞는다.
tip 차가운 생크림을 넣으면 반죽이 분리되기 쉽다.

7 ②의 가루 재료 1/2을 넣고 저속으로 섞는다.

8 나머지 생크림, 나머지 가루 재료를 순서대로 넣고 매끄러운 반죽이 되도록 섞는다.
tip 생크림과 가루 재료를 번갈아 넣으면 불필요하게 많이 섞지 않아도 되기 때문에 글루텐이 덜 생긴다.

9 냉장고에서 하루 동안 휴지시킨다.
tip 충분히 휴지시킨 반죽은 수분이 밀가루에 고루 퍼지고 구웠을 때 일정하게 부푼다.

10 1.5㎝ 두께의 각봉을 대고 밀대로 반죽을 밀어 편다.

11 지름 6㎝ 쿠키커터로 찍어 철판에 팬닝한다.

12 붓으로 ①의 달걀물을 바르고 냉장고에서 표면을 건조시킨 다음 다시 1번 더 달걀물을 바른다.
tip 달걀물은 질퍽하지 않게 바른다.
tip 달걀물을 2번 바르면 구웠을 때 색깔이 잘 난다.

13 틀 안쪽에 버터(분량 외)를 바른 지름 6㎝ 세르클을 씌워 180℃ 오븐에서 25분 정도 굽는다.
tip 반죽이 옆으로 퍼지기 때문에 세르클을 씌워 굽는 것이 좋다.

QUICHE LORRAINE
키슈

16세기경 프랑스 로렌 지방에서 만들기 시작했다는 키슈. 초기의 키슈 베이스는 파트 아 퐁세가 아닌 빵 반죽이었다고 한다. 로렌 지방은 독일과 인접한 지역으로 키슈라는 단어는 독일어의 쿠헨(Kuchen, 과자)에서 유래되었다. 독일에도 '츠비벨쿠헨(Zwiebelkuchen)'이라고 하는 키슈와 거의 흡사한 양파 타르트가 있다. 키슈는 1904년 프랑스 요리사협회 기관지에 소개된 이후 프랑스 전역으로 퍼졌다.
유럽에서는 식사 대용으로 많이 먹는데 연어, 햄, 브로콜리, 파 등 취향에 따라 다양한 가르니튀르로 교체할 수 있다.

More details
파트 아 퐁세

파트 아 퐁세(Pâte à foncer)는 단맛이 없고 과자와 요리에 사용하는 기본적인 반죽형 파이 반죽이다. 가루 속에 유지를 분산시키기 위해 차가운 상태의 버터를 밀가루에 넣고 푸드프로세서 또는 믹서의 비터로 섞는데, 입에 넣으면 쉽게 부서지며 녹는 감촉을 좋게 하기 위해서는 글루텐이 형성되지 않도록 작업하는 것이 포인트이다.

02
03
04
06
07
08

RECIPE

지름 15㎝ 4개 분량

파트 아 퐁세

박력분 450g
통밀가루 50g
버터 375g
설탕 7g
소금 10g
노른자 20g
우유 100g

아파레이유

달걀 192g
우유 200g
생크림 168g
소금, 후추, 넛메그파우더 적당량

파트 아 퐁세

1 박력분과 통밀가루는 함께 체 친다.
tip 통밀가루를 사용하면 반죽의 끈기가 줄어들고 맛은 소박해진다.

2 믹서볼에 ①의 가루 재료, 1.5㎝ 크기로 깍둑썰기 한 차가운 버터, 설탕, 소금을 넣는다.

3 모래알 정도의 크기가 될 때까지 비터를 이용해 저속으로 섞는다.

4 작업대 위에 꺼내 반죽을 스크레이퍼로 3~4회 겹쳐 쌓으면서 한 덩어리로 만든다.

5 랩에 싸서 냉장고에서 하루 동안 휴지시킨다.

6 6㎜ 두께로 밀어 편 반죽을 지름 15㎝ 세르틀에 넣는다.
tip 바닥이 없는 세르클에 구우면 열이 더 잘 전달되어 고루 구워진다.

7 세르클 높이보다 1~2㎝ 올라오게 손가락으로 눌러가며 자연스럽게 모양을 잡은 다음 냉장고에서 3시간 정도 휴지시킨다.
tip 불필요한 반죽은 가위로 잘라낸다.
tip 휴지가 부족하면 구웠을 때 반죽이 줄어든다.

8 유산지 위에 누름돌을 올리고 170℃ 컨벡션 오븐에서 30분, 유산지와 누름돌을 제거하고 15분 동안 굽는다.

아파레이유

9 볼에 달걀을 넣고 거품기로 푼다.

10 우유, 생크림을 넣고 섞은 다음 소금, 후추, 넛메그파우더를 넣고 섞는다.

02 —— 차가운 버터 섞기
03 —— 모래알 크기로 만들기
04 —— 스크레이퍼로 겹치면서 반죽하기
06 —— 세르클에 팬닝하기
07 —— 냉장고에서 휴지시키기
08 —— 누름돌 올려 굽기

13 ——→ 가르니튀르 만들기
15 ——→ 치즈, 가르니튀르 채우기
16 ——→ 오븐에서 굽기

가르니튀르
양파 4개
베이컨 300g
새송이버섯 4개
표고버섯 5개
버터 적당량
다진 마늘 적당량
다진 파슬리 적당량
월계수잎 1장
소금, 후추 적당량

마무리
에멘탈치즈 적당량

가르니튀르
11 프라이팬을 불에 올려 버터, 다진 마늘을 볶은 다음 채 썬 양파를 넣고 숨이 죽을 때까지 볶는다.
12 한입 크기로 썬 베이컨, 다진 파슬리, 월계수잎을 넣고 볶은 다음 소금, 후추로 간을 하고 볼에 담아 식힌다.
13 ⑪의 프라이팬에 다시 버터를 녹이고 한입 크기로 썬 새송이버섯, 표고버섯을 볶은 다음 소금, 후추로 간을 하고 볼에 담아 식힌다.

마무리
14 ⑧의 파트 아 퐁세 바닥에 붓으로 노른자(분량 외)를 얇게 발라 180℃ 오븐에서 1~2분 동안 건조시킨다.
tip 노른자를 발라 건조시키면 아파레이유의 수분이 파트 아 퐁세에 스며들지 않아 바삭함이 유지된다.
15 에멘탈치즈(분량 외), ⑬의 가르니튀르, 에멘탈치즈, ⑩의 아파레이유, 에멘탈치즈 순으로 넣는다.
16 180℃ 컨벡션 오븐에서 50분 정도 굽는다.

TARTELETTE CHEESECAKE

베이크드 치즈 타르트

바삭한 파트 쉬크레와 담백한 크림치즈의 맛이 자극적이지 않은 타르트이다. 파트 쉬크레는 작업대 위에서 짓이기듯이 섞어 주면 재료가 고루 퍼지고 글루텐 형성도 덜해 바삭한 식감을 얻을 수 있다. 크림치즈 대신 산양치즈를 사용하거나 두 종류의 치즈를 섞어 만들어도 좋겠다.

More details

파트 쉬크레

파트 쉬크레(Pâte sucrée)는 물을 사용하지 않으므로 글루텐이 많이 생성되지 않아 가볍고 입에서 녹는 감촉이 좋은 반죽이다. 잘 만든 파트 쉬크레 반죽은 구울 때 버터가 녹아 나오지 않는다. 버터가 녹으면 딱딱해지고 맛이 없어진다. 버터의 포마드 상태를 유지하면서 슈거파우더, 달걀, 가루 재료를 충분히 섞어줄 것. 버터가 너무 부드러우면 설탕, 달걀, 가루를 혼합할 때 잘 섞이지 않고 버터도 녹아나오기 쉽다. 또한 반죽을 충분히 휴지시키면 재료들이 서로 뭉쳐진다.

05
08-1
08-2
09
14
15

RECIPE

지름 6㎝ 약 40개 분량

파트 쉬크레

박력분 84g
강력분 22g
아몬드파우더 17g
버터 150g
설탕 80g
소금 2g
달걀 50g

아파레이유

크림치즈 500g
설탕A 105g
노른자 60g
탈지분유 40g
옥수수전분 40g
생크림 65g
레몬제스트 3g
흰자 120g
설탕B 105g
소금 적당량

파트 쉬크레

1 박력분과 강력분은 함께 체 치고 아몬드파우더는 따로 체 친다.
2 믹서볼에 포마드 상태의 버터와 설탕을 넣고 비터를 이용해 섞는다.
3 소금을 넣고 섞은 다음 실온의 달걀을 3~4회에 나눠 넣으면서 섞는다.
4 ①의 아몬드파우더를 넣고 섞은 다음 박력분과 강력분을 넣고 섞는다.
tip 박력분과 강력분을 함께 사용하면 바삭하면서도 경쾌한 식감이 더해진다.
5 작업대 위에 꺼내 반죽을 스크레이퍼로 짓이기듯이 펴가며 2~3회 섞는다.
tip 불필요하게 손을 많이 대지 않아도 재료를 고루 잘 섞을 수 있다.
6 랩으로 싸서 하루 동안 냉장고에서 휴지시킨다.
7 2㎜ 두께로 밀어 편 반죽을 지름 6㎝ 틀에 팬닝한 다음 냉장고에서 휴지시킨다.
tip 반죽을 휴지시키지 않고 바로 구우면 글루텐의 수축하는 성질 때문에 반죽이 줄어든다. 휴지시키면 글루텐의 탄력이 줄어들어 구웠을 때도 반죽이 모양 그대로 유지된다.
8 포크나 도구로 피케를 하고 유산지와 누름돌을 올려 150℃ 오븐에서 15분 정도 굽는다.
tip 피케(Piquer)는 반죽 표면에 포크 등으로 구멍을 내는 것으로, 구울 때 반죽 내부의 수증기가 증발하면서 부풀어 올라 울퉁불퉁해지는 것을 막아준다.
9 유산지와 누름돌을 제거하고 15분 정도 더 굽는다.
tip 아파레이유를 짜서 더 굽기 때문에 80% 정도만 미리 구워둔다.

아파레이유

10 볼에 실온 상태의 크림치즈와 설탕A를 넣고 거품기로 부드럽게 푼 다음 노른자를 넣고 섞는다.
11 탈지분유와 옥수수전분 섞은 것을 넣고 섞는다.
12 생크림을 넣고 섞은 다음 레몬제스트, 소금을 넣고 섞는다.
13 흰자와 설탕B로 끝이 휘어지는 부드러운 상태의 머랭을 만든다.
14 ⑫에 ⑬의 머랭을 2~3회에 나눠 넣으면서 고무주걱으로 잘 섞은 다음 원형 모양깍지를 끼운 짤주머니에 담는다.

마무리

15 ⑨의 파트 쉬크레에 ⑭의 아파레이유를 짠다.
16 150℃ 컨벡션 오븐에서 20분 정도 굽는다.

05 → 스크레이퍼로 짓이기며 섞기
08-1 → 반죽에 피케하기
08-2 → 누름돌 올려 굽기
09 → 누름돌 제거하고 더 굽기
14 → 고무주걱으로 머랭 섞기
15 → 아파레이유 짜기

TARTE AUX FIGUES ET AU CASSIS

무화과 카시스

좋아하는 일본인 셰프의 레시피로 만든 제품이다. 키르슈에 하루 동안 숙성시킨 무화과를 카시스 잼 위에 빼곡히 얹어 오븐에서 50분 정도 충분히 굽는다. 이때 철판을 두 장 겹쳐 파트 쉬크레 바닥에 열이 덜 전달되도록 굽는 것이 포인트. 키르슈의 향긋함, 무화과와 카시스의 진한 달콤함이 잘 어우러진다. 제품의 맛을 좌우하는 무화과는 뛰어난 품질의 세미건무화과를 사용하는 것이 좋다.

More details

펙틴

펙틴(Pectin)은 사과나 과일 껍질 등에서 추출한 것으로 잼을 만들 때 주로 사용한다. 당분을 넣고 가열하게 되면 상온에서 식었을 때 탄력이 있는 상태로 응고하는 성질이 있다. 펙틴은 용도에 따라 2가지로 나뉘는데, 잼용 펙틴(HM)은 젤라틴 등으로는 굳지 않는 산미가 강한 과일의 젤리를 만들 때 사용하며 60~80℃에서 굳는다. 젤리용 펙틴(LM)은 특수한 잼(저당, 무당)이나 우유를 사용한 차가운 디저트, 나파주 등의 제조에 사용하며 30~40℃에서 굳는다.

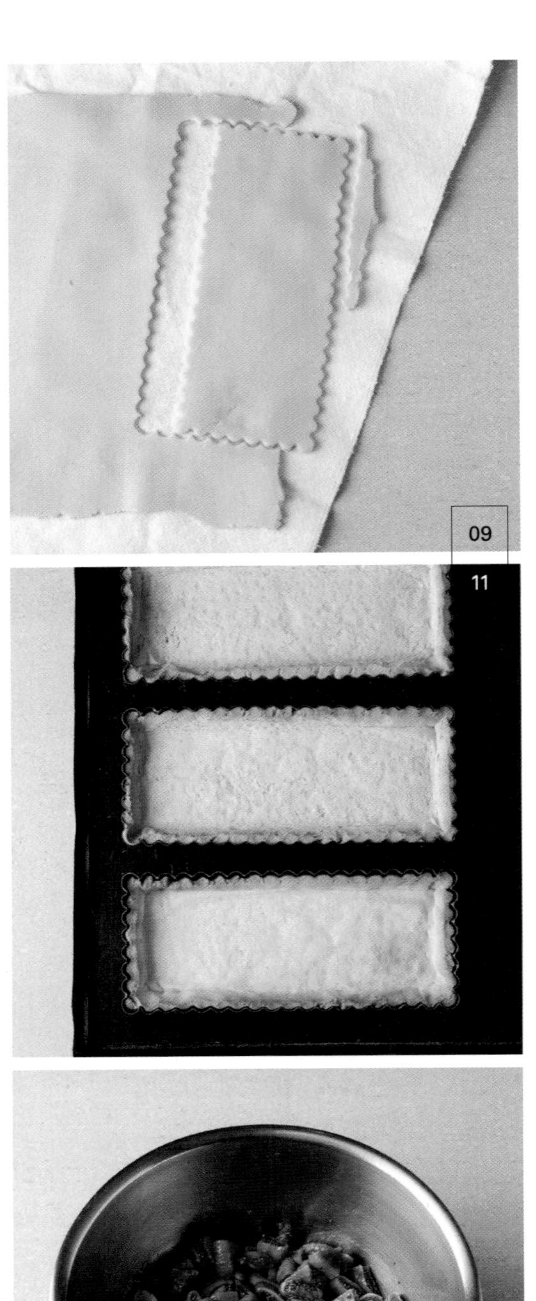

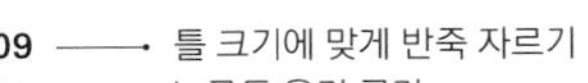

09 ——• 틀 크기에 맞게 반죽 자르기
11 ——• 누름돌 올려 굽기
13 ——• 건무화과 데쳐 자르기

RECIPE

24×10㎝ 3개 분량

파트 쉬크레

박력분 378g
강력분 99g
아몬드파우더 77g
버터 338g
소금 4.5g
설탕 180g
달걀 113g

달걀물

달걀 1개
노른자 2개
소금 적당량

무화과 절임

건무화과 590g
키르슈 100g

파트 쉬크레

1 박력분과 강력분은 함께 체 치고 아몬드파우더는 따로 체 친다.
2 믹서볼에 포마드 상태의 버터를 넣고 비터로 부드럽게 푼다.
3 소금을 넣고 섞은 다음 설탕을 넣고 섞는다.
4 실온의 달걀을 3~4회에 나눠 넣으면서 섞는다.
5 ①의 아몬드파우더를 넣고 섞은 다음 ①의 박력분과 강력분을 넣고 섞는다.
6 작업대 위에 반죽을 꺼내 스크레이퍼로 짓이기듯이 펴가며 3~4회 섞는다.
tip 이렇게 하면 불필요하게 손을 많이 대지 않아도 재료를 고루 잘 섞을 수 있다.
7 랩으로 싸서 하루 동안 냉장고에서 휴지시킨다.
8 뚜껑 반죽 130g과 바닥 반죽 250g으로 각각 3개씩 분할한다.
9 뚜껑 반죽은 5㎜ 두께로 밀어 펴 틀 크기에 맞게 찍어 낸다. 바닥 반죽은 틀 크기에 맞게 밀어 펴 팬닝한 다음 여분의 반죽을 스크레이퍼로 잘라내고 냉장고에서 30분 정도 굳힌다.
tip 누름돌을 올려도 반죽이 눌리지 않게 냉장고에서 굳힌다.
10 바닥 반죽에 유산지를 깔고 누름돌을 올려 160℃ 컨벡션 오븐에서 20분 정도 굽는다.
tip 누름돌은 반죽이 뜨지 않을 만큼 적당히 올린다.
11 유산지와 누름돌을 제거하고 10분 정도 더 굽는다.
tip 오븐에서 1번 더 굽기 때문에 80% 정도까지만 구워준다.

달걀물

12 달걀, 노른자, 소금을 거품기로 잘 섞는다.
tip 소금을 넣으면 달걀의 끈기가 풀어져 잘 발린다.

무화과 절임

13 건무화과는 꼭지를 제거하고 끓는 물에 데친 다음 6등분으로 자른다.
14 키르슈를 넣고 섞은 다음 랩을 밀착시키고 냉장고에서 24시간 숙성시킨다.

20 ——• 카시스 잼 바르기
21 ——• 무화과 절임 채우기
26 ——• 틀째로 식히기

카시스 잼

설탕A 25g
펙틴(잼용) 2g
카시스 퓌레 100g
설탕B 40g
물 10g
물엿 20g
레몬즙 4g

카시스 잼

15 설탕A와 펙틴을 잘 섞는다.
tip 펙틴을 설탕과 잘 섞어 사용하지 않으면 수분 재료에 넣었을 때 덩어리지게 된다.

16 냄비에 카시스 퓌레, 설탕B, 물, 물엿을 넣고 불에 올려 80℃까지 끓인다.

17 ⑮를 넣으면서 덩어리지지 않게 거품기로 섞는다.

18 5~7분 정도 센불에서 끓인다.
tip 그릇에 떨어뜨려 보았을 때 흔들리지 않을 정도까지 졸인다.

19 불에서 내려 레몬즙을 넣고 섞은 다음 식힌다.

마무리

20 ⑪의 파트 쉬크레 바닥에 ⑲의 카시스 잼을 펴 바른다.

21 ⑭의 무화과 절임을 빈틈없이 올린다.

22 테두리 부분에 붓으로 ⑫의 달걀물을 바르고 뚜껑을 덮은 다음 손으로 누르면서 밀착시킨다.

23 뚜껑 반죽에 붓으로 ⑫의 달걀물을 얇게 바르고 냉장고에 넣어 표면을 건조시킨 다음 다시 1번 더 달걀물을 얇게 바른다.
tip 달걀물을 2번 덧바르면 구운 색이 진하게 난다.

24 포크로 무늬를 내고 꼬치 등으로 간격을 두고 구멍을 3군데 뚫는다.
tip 수증기가 빠져나갈 수 있게 구멍을 뚫어준다. 구멍이 없으면 뚜껑 반죽이 부풀어 올라 터질 수 있다.

25 철판을 2장 겹쳐 깔고 160℃ 오븐에서 50분 정도 굽는다.
tip 바닥이 너무 많이 구워지지 않게 철판 2장을 겹친다.

26 틀째로 완전히 식힌 다음 틀을 제거한다.

ENGADINER NUSSTORTE
엥가디너

호두 산지로 유명한 스위스 동부 엥가딘 지방의 명과이다. 알프스를 사이에 두고 스위스와 인접해있는 프랑스 그르노블에도 엥가디너와 흡사한 '도피누아(Dauphinois)'라는 호두 타르트가 있는데, 그르노블이 속해 있는 도피네 지방의 호두는 워낙 품질이 좋고 맛이 뛰어나서 AOC(원산지 명칭 통제)를 획득하기도 했다.
호두와 캐러멜의 단순한 조합이지만 고소함과 쌉싸래함의 밸런스가 깊은 여운을 남긴다. 엥가디너의 맛의 비결은 바로 캐러멜인데, 호두와 섞은 다음 한 번 더 굽기 때문에 밝은 갈색이 될 때까지만 가열하는 것이 좋다. 많이 태우면 쓴맛이 나고 딱딱해진다. 호두는 오븐에서 가볍게 구워 적당한 크기로 잘라 사용하는 것이 파트 사블레에 채웠을 때 빈 공간이 덜 생긴다.

More details

생크림

오뗄두스의 구움과자에는 용도에 따라 2종류의 생크림(Fresh cream)을 사용한다. 생크림의 맛은 같은 우유를 가공해도 유지방의 입자 크기에 따라 달라지는데, 기본적으로는 입자가 촘촘하고 고운 덴마크밀크를, 풍미를 더하거나 푸딩이나 가나슈 등의 가열용으로는 엘르앤비르사(社)의 생크림을 사용한다. 단, 엘르앤비르의 생크림에는 카라기난이 들어 있어 커스터드 크림 등에 쓸 때는 주의해야 한다(시간이 지나면서 유지방 결합이 느슨해져 물러질 수 있다).

05 ——• 스크레이퍼로 짓이기며 섞기
08 ——• 틀 크기에 맞게 반죽 자르기
09 ——• 누름돌 올려 굽기
10 ——• 누름돌 제거하고 더 굽기

RECIPE

24×10㎝ 3개 분량

파트 사블레

버터 364g
설탕 183g
달걀 55g
노른자 20g
박력분 544g
베이킹파우더 6.3g

달걀물

달걀 1개
노른자 2개
소금 적당량

파트 사블레

1 박력분과 베이킹파우더를 함께 체 친다.
2 믹서볼에 포마드 상태의 버터를 넣고 비터로 부드럽게 푼다.
3 설탕을 넣고 섞은 다음 실온의 달걀, 노른자를 3~4회에 나눠 넣으면서 섞는다.
tip 차가운 달걀을 넣으면 버터가 굳어져 잘 섞이지 않고 분리된다.
4 ①의 가루 재료를 넣고 가루가 조금 남아 있을 때까지 섞는다.
5 작업대 위에 반죽을 꺼내 스크레이퍼로 짓이기듯이 펴가며 3~4회 섞는다.
tip 이렇게 하면 불필요하게 손을 많이 대지 않아도 재료를 고루 잘 섞을 수 있다.
6 랩으로 싸서 하루 동안 냉장고에서 휴지시킨다.
7 뚜껑 반죽 130g과 바닥 반죽 200g으로 각각 3개씩 분할한다.
8 뚜껑 반죽은 5㎜ 두께로 밀어 펴 틀 크기에 맞게 찍어 낸다. 바닥 반죽은 틀 크기에 맞게 밀어 펴 팬닝한 다음 여분의 반죽을 스크레이퍼로 잘라내고 냉장고에서 30분 정도 굳힌다.
tip 누름돌을 올려도 반죽이 눌리지 않게 냉장고에서 굳힌다.
9 바닥 반죽에 유산지와 누름돌을 올려 160℃ 컨벡션 오븐에서 20분 정도 굽는다.
10 유산지와 누름돌을 제거하고 10분 정도 더 굽는다.
tip 오븐에서 1번 더 굽기 때문에 80% 정도까지만 구워준다.

달걀물

11 달걀, 노른자, 소금을 거품기로 잘 섞는다.
tip 소금을 넣으면 달걀의 끈기가 풀어져 잘 발린다.

13 ——→ 캐러멜 만들기
17 ——→ 테두리에 달걀물 바르기
19 ——→ 포크로 무늬 내기

호두 캐러멜리제

호두 345g
설탕 150g
생크림 276g
꿀 120g
물엿 33g
버터 60g

호두 캐러멜리제

12 호두는 160℃ 오븐에서 5분 동안 구운 다음 4등분으로 자른다.
tip 호두가 크면 파트 사블레에 넣었을 때 빈 공간이 많이 생긴다.

13 동냄비에 설탕을 넣고 불에 올려 녹이면서 거품이 나기 전까지 가열한다.
tip 오븐에서 1번 더 굽기 때문에 밝은 갈색이 날 때까지만 끓인다. 또한 너무 많이 끓이면 캐러멜이 딱딱해진다.

14 끓인 생크림을 조심스럽게 부으면서 섞은 다음 꿀, 물엿을 넣고 115℃까지 끓인다.
tip 차가운 생크림을 사용하거나 한꺼번에 많이 부으면 녹은 설탕이 튀면서 넘칠 수 있으므로 주의한다.

15 불에서 내려 버터를 넣고 섞은 다음 ⑫의 호두를 넣고 섞는다.

마무리

16 ⑮의 호두 캐러멜리제를 80% 정도 채우고 평평하게 고른 다음 식힌다.
tip 호두 캐러멜리제가 식으면 굳어서 공간이 많이 생기기 때문에 뜨거울 때 작업한다.

17 테두리 부분에 붓으로 ⑪의 달걀물을 바르고 뚜껑을 덮은 다음 손으로 누르면서 밀착시킨다.

18 뚜껑 반죽에 붓으로 ⑪의 달걀물을 얇게 바르고 냉장고에 넣어 표면을 건조시킨 다음 다시 1번 더 달걀물를 얇게 바른다.
tip 달걀물을 2번 덧바르면 구운 색이 진하게 난다.

19 포크로 무늬를 내고 꼬치 등으로 간격을 두고 구멍을 3군데 뚫는다.
tip 수증기가 빠져나갈 수 있게 구멍을 뚫어준다. 구멍이 없으면 뚜껑 반죽이 부풀어 올라 터질 수 있다.

20 철판을 2장 겹쳐 깔고 160℃ 오븐에서 40~50분 정도 굽는다.
tip 바닥이 너무 많이 구워지지 않게 철판 2장을 겹친다.

21 틀째로 완전히 식힌 다음 틀을 제거한다.

CONVERSATION
콩베르사시옹

프랑스어로 '대화'라는 뜻의 콩베르사시옹은 18세기 말에 탄생한 과자로, 유명한 파티시에이며 저술가였던 피에르 라캉(Pierre LACAM)의 저서에 의하면 리옹(Lyon)이 그 발상지라고 한다. 이름의 유래에 관해서는 당시의 베스트셀러였던 에피네 부인의 저서 '에밀리의 대화(Les Conversation d'Emilie)'로부터 붙여졌다는 설이 유력하다. 프랑스에서는 좌우 집게 손가락으로 'X'자를 만드는 동작이 대화를 의미하며 콩베르사시옹 윗면의 격자무늬가 이 동작을 나타낸다는 설, 이 과자를 먹을 때 글라스 로열의 바삭바삭한 식감이 서로 속삭이며 대화를 하는 것 같아서 붙여졌다는 설도 있다.
앵베르세 제법으로 만든 푀이타주 속에 프랑지판 크림과 살구 콩포트를 넣고 글라스 로열을 발라 구운, 고급스러우면서도 클래식한 구움과자이다.

More details

푀이타주 앵베르세

앵베르세(Inversé)는 '반대의, 뒤집은, 거꾸로'라는 의미로, 보통의 푀이타주와는 반대로 버터에 밀가루를 합쳐 섞어 두고 약간 부드럽게 만든 반죽를 싸서 접는다. 버터가 포함하고 있는 수분이 밀가루에 흡수되기 때문에 버터와 반죽한 밀가루가 잘 섞이지 않으며 구운 후 잘 부풀고 입에서 녹는 감촉도 좋다. 반죽 그대로 맛보는 과자에 사용하는 것이 좋다.

02
03
06
07
09
10

RECIPE

지름 7.7㎝ 약 20개 분량

파이 반죽

버터A 400g
강력분 150g
박력분 350g
찬물 150g
소금 15g
식초 12.5g
버터B 100g

파이 반죽

1 볼에 깍둑썰기 한 차가운 버터A, 강력분을 넣고 섞는다.

2 30×30㎝, 두께 5㎜로 밀어 펴 비닐로 감싼 다음 냉장고에서 1시간 동안 휴지시킨다.

3 다른 볼에 체 친 박력분을 넣고 가운데 홈을 파서 찬물, 소금, 식초를 넣은 다음 가장자리의 박력분을 조금 남겨두고 손가락으로 저어가며 섞는다.
tip 찬물은 밀가루의 글루텐 형성을 더디게 하고 바삭한 식감을 더해준다.
tip 식초는 반죽이 잘 늘어나게 하고 변색되는 것을 방지한다.

4 포마드 상태의 버터B를 넣고 가장자리의 남은 박력분과 조금씩 섞어가며 한 덩어리로 만든다.

5 20×20㎝, 두께 1㎝로 밀어 펴 비닐로 감싼 다음 냉장고에서 1시간 동안 휴지시킨다.
tip 냉장고에서 반죽을 충분히 휴지시키면 끈기가 줄어들고 수분이 고루 퍼지면서 다른 재료와도 잘 섞인다.

6 ②의 4군데 모서리를 밀대로 밀어 편다.

7 ⑤를 ⑥의 정가운데 올리고 밀어 편 4군데 모서리가 가운데 모아지도록 접은 다음 이음매를 잘 여민다.

8 냉장고에서 1시간 동안 휴지시킨 다음 실온에 10분 동안 둔다.
tip 실온에서 버터와 반죽을 같은 굳기로 만든 다음 밀어 편다.

9 반죽을 3배 정도의 길이로 밀어 펴서 양끝이 반죽의 1/3 정도 되는 지점에서 맞물리도록 접은 다음 다시 반으로 접는다(4절 접기 1회).
tip 덧가루는 입자가 가늘어 반죽 속에 스며드는 박력분보다 입자가 조금 더 굵고 잘 뭉쳐지지 않는 강력분이 적당하다. 덧가루 사용은 최소한으로 하고 마른 붓으로 여분의 덧가루를 제거하면서 접는다. 덧가루를 필요 이상으로 많이 사용하면 식감이 나빠진다.
tip 광목 위에서 작업하는 것을 추천한다.

10 냉장고에서 1시간 휴지시킨 다음 90° 방향으로 돌려 ⑨의 공정을 1번 더 반복한다(4절 접기 2회).

11 90° 방향으로 돌려 다시 밀어 편 다음 3등분해서 3절 접기를 하고 냉장고에서 1시간 휴지시킨다(3절 접기 1회).

12 1.5㎜ 두께로 밀어 펴 냉장고에서 1시간 휴지시킨다.

02 —— 롤인용 버터 만들기
03 —— 손으로 반죽하기
06 —— 모서리 밀어 펴기
07 —— 이음매 여미기
09 —— 4절 접기로 1회 접기
10 —— 4절 접기로 2회 접기

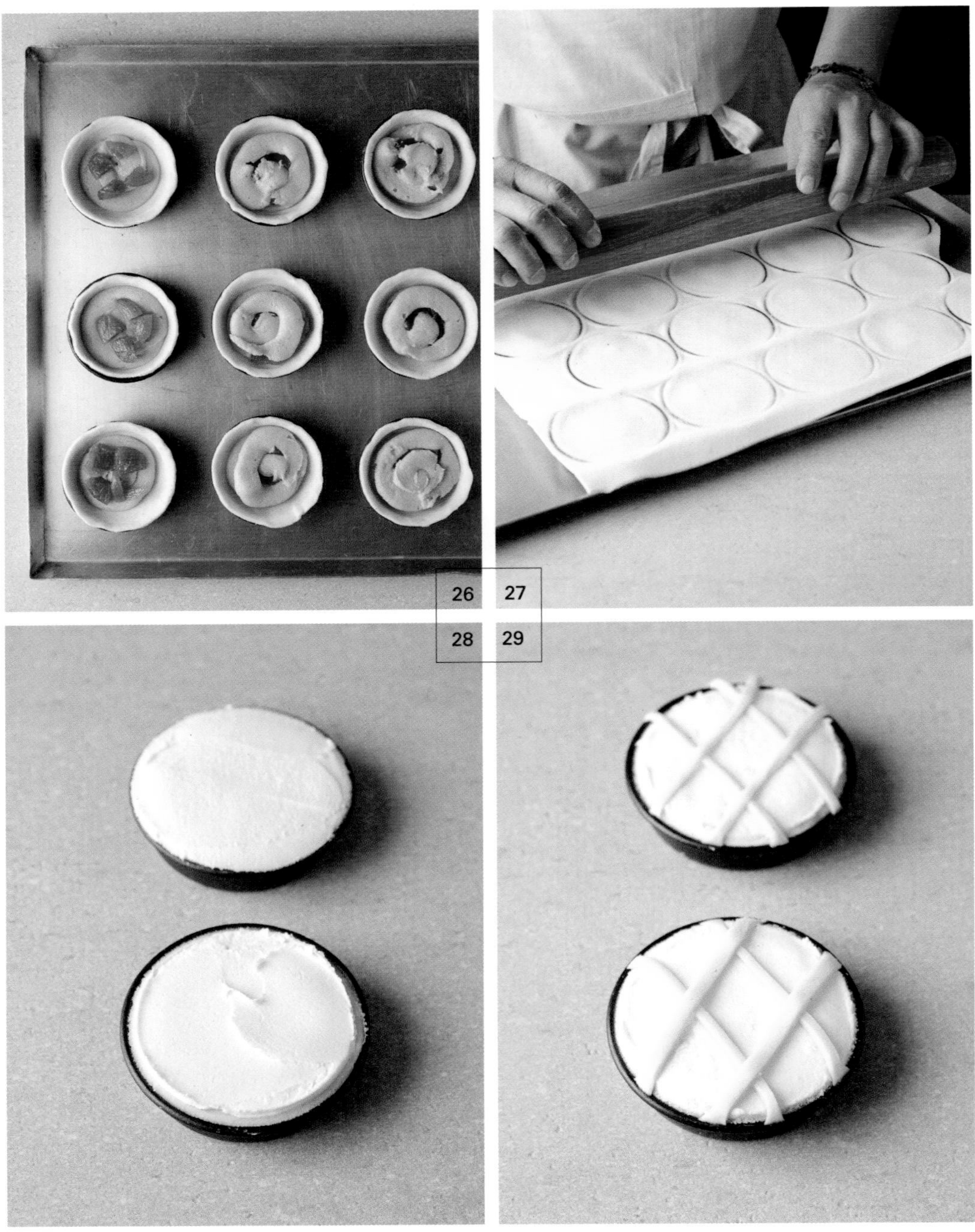

26 ——• 프랑지판 크림 짜기
27 ——• 자투리 반죽으로 윗면 만들기
28 ——• 글라스 로열 바르기
29 ——• 격자 모양 내기

살구 콩포트

물 200g
설탕 160g
건살구 200g

아몬드 크림

아몬드파우더 135g
헤이즐넛파우더 60g
박력분 28g
버터 188g
설탕 188g
달걀 173g

커스터드 크림

우유 150g
바닐라 빈 1/4개
설탕 45g
노른자 45g
박력분 15g
버터 5g

프랑지판 크림

아몬드 크림 668g
커스터드 크림 98g

글라스 로열

슈거파우더 100g
흰자 20g

살구 콩포트

13 냄비에 모든 재료를 넣고 70브릭스(Brix)가 될 때까지 졸인다.

14 키친타월에 올려 시럽을 제거한 다음 4등분으로 자른다.

아몬드 크림

15 아몬드파우더, 헤이즐넛파우더, 박력분을 함께 체 친다.
tip 헤이즐넛파우더를 넣으면 풍미가 더 좋아진다.

16 믹서볼에 포마드 상태의 버터, 설탕을 넣고 비터로 섞는다.

17 ⑮의 가루 재료를 넣고 섞는다.

18 실온의 달걀을 2번에 나눠 넣고 섞은 다음 냉장고에서 하루 동안 휴지시킨다.

커스터드 크림

19 냄비에 우유, 바닐라 빈의 깍지와 씨, 설탕 일부를 넣고 불에 올려 끓인다.
tip 바닐라 빈은 반을 갈라 칼끝으로 긁어낸 씨 부분을 사용한다.

20 볼에 노른자, 나머지 설탕을 넣고 거품기로 섞은 다음 박력분을 넣고 섞는다.

21 ⑲의 끓인 우유를 넣고 섞은 다음 체에 걸러 거품기로 저으면서 가열한다.

22 윤기가 나면서 주르르 흐르는 상태가 되면 트레이에 옮겨 랩을 밀착시킨 다음 완전히 식힌다.

프랑지판 크림

23 ⑱의 아몬드 크림과 ㉒의 커스터드 크림을 섞는다.
tip 아몬드 크림과 커스터드 크림 섞은 것을 프랑지판 크림이라고 부른다.

글라스 로열

24 믹서볼에 슈거파우더, 흰자를 넣고 비터로 충분히 섞는다.

마무리

25 지름 11㎝ 원형 커터로 찍은 ⑫의 파이 반죽 가장자리가 틀 위로 올라오도록 원형 틀에 팬닝한다.
tip 자투리 반죽은 다시 밀어 펴 윗면과 장식용으로 재사용한다.

26 ㉓의 프랑지판 크림을 개당 20g씩 짜고 ⑭의 살구 콩포트 4조각을 올린 다음 다시 프랑지판 크림 20g을 짠다.

27 파이 반죽 가장자리에 붓으로 물을 바르고 1.5㎜ 두께로 밀어 편 자투리 파이 반죽을 올린 다음 밀대를 굴려가며 여분의 반죽을 제거하고 냉장고에서 1시간 동안 휴지시킨다.

28 스패튤러로 윗면에 ㉔의 글라스 로열을 얇게 바르고 가장자리를 깨끗하게 다듬는다.
tip 가장자리를 깨끗하게 다듬지 않으면 글라스 로열이 녹아서 지저분해진다.

29 자투리 반죽을 띠 모양으로 잘라 마름모꼴로 올린다.

30 180℃ 데크 오븐에서 40분 정도 굽는다.

PAIN COMPLET
팽 콩플레

이름 그대로 '통밀가루(Complet)로 만든 빵'의 모양처럼 둥글납작하게 만든 프랑스 과자이다. 파이 반죽 속에 아몬드 크림 또는 프랑지판 크림을 넣은 다음 윗면에 십자 모양을 내서 굽는 것이 일반적이지만, 브르타뉴 지방에서는 비스퀴 아 라 퀴이에르에 버터 크림을 넣어 만든 것을 팽 콩플레라고 부른다. 많이 부풀릴 필요가 없기 때문에 콩베르사시옹 등을 만들고 남은 반죽을 재활용하기에 좋은 제품이다.

More details

바닐라 빈

바닐라 빈은 크게 원산지에 따라 마다가스카르산과 타히티산으로 나뉜다. 일반적으로 많이 쓰이는 바닐라 빈은 세계 바닐라 빈 생산량의 80%를 차지하는 마다가스카르산이고, 타히티산 바닐라 빈은 마다가스카르산보다 비싸지만 아니스나 머스크 같은 향이 더욱 풍부하며 마다가스카르산보다 길고 두껍다. 바닐라의 향을 강조하고자 하는 제품에는 타히티산을 넣어서 포인트를 주면 더욱 색다른 맛을 느낄 수 있다. 바닐라 빈은 몸통이 통통하고 촉촉하며 말랑한 것이 신선하고 좋은 것이다. 많이 건조되어 딱딱한 바닐라 빈은 우유 등에 담가 불려 사용하면 풍미가 좋아진다.

최근 전 세계 프리미엄급 제과 시장이 커지면서 바닐라 빈의 수요가 급등해 가격 또한 상승했다.

03 ——• 커터로 반죽 자르기
09 ——• 살구 콩포트 올리기
10 ——• 반죽 겹쳐 덮기
12 ——• 십자 모양 내기

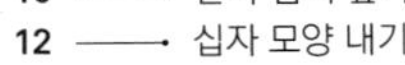

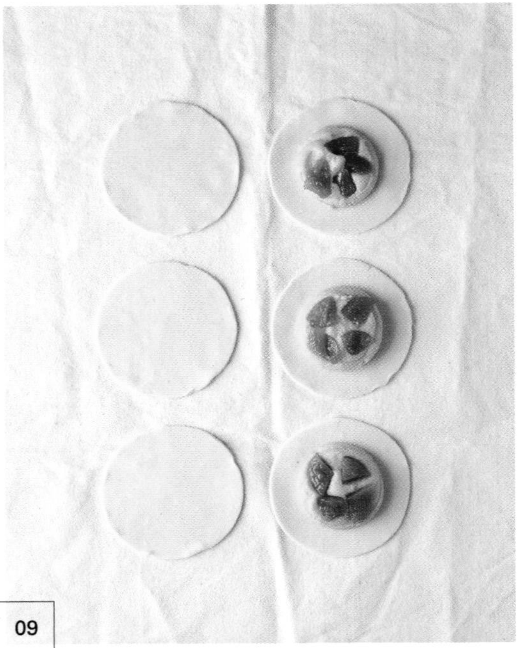

03	09
10	12

RECIPE

지름 10㎝ 약 12개 분량

파이 반죽

버터A 200g
강력분 75g
박력분 175g
찬물 75g
소금 7.5g
식초 6g
버터B 50g

살구 콩포트

물 200g
설탕 160g
건살구 200g

아몬드 크림

아몬드파우더 73g
헤이즐넛파우더 32g
박력분 15g
버터 101g
설탕 101g
달걀 93g

커스터드 크림

우유 75g
바닐라 빈 1/8개
설탕 23g
노른자 23g
박력분 7.5g
버터 2.5g

프랑지판 크림

아몬드 크림 415g
커스터드 크림 65g

글라스

슈거파우더 72g
흰자 31g
아몬드파우더 72g

파이 반죽

1 콩베르사시옹의 파이 반죽(p.183 참고) 공정①~⑪까지 동일하다.
2 35×55㎝, 두께 1.5㎜로 밀어 펴 냉장고에서 1시간 휴지시킨다.
tip 콩베르사시옹에서 사용하고 남은 반죽을 재사용한다.
3 지름 10㎝ 원형 커터로 24장을 찍는다.

살구 콩포트

4 공정은 콩베르사시옹의 살구 콩포트(p.185 참조)와 동일하다.

아몬드 크림

5 공정은 콩베르사시옹의 아몬드 크림(p.185 참조)과 동일하다.

커스터드 크림

6 공정은 콩베르사시옹의 커스터드 크림(p.185 참조)과 동일하다.

프랑지판 크림

7 아몬드 크림과 커스터드 크림을 섞는다.

글라스

8 슈거파우더, 흰자, 아몬드파우더를 섞는다.

마무리

9 ③의 파이 반죽 위에 ⑦의 프랑지판 크림 40g을 짜고 ④의 살구 콩포트 4조각을 올린다.
10 가장자리에 붓으로 물을 바르고 파이 반죽 1장을 겹쳐 덮은 다음 잘 눌러 붙인다.
tip 반죽을 서로 잘 붙이지 않으면 구울 때 크림이 밖으로 흘러나올 수 있다.
11 냉장고에서 1시간 동안 휴지시킨다.
12 윗면에 ⑧의 글라스 15g을 바르고 슈거파우더(분량 외)를 2번 뿌린 다음 칼끝으로 십자 모양을 낸다.
13 180℃ 오븐에서 40분 정도 굽는다.

P

ENGADINER NUSSTORTE

LANGUE DE CHAT

BISCUIT
SABLÉ

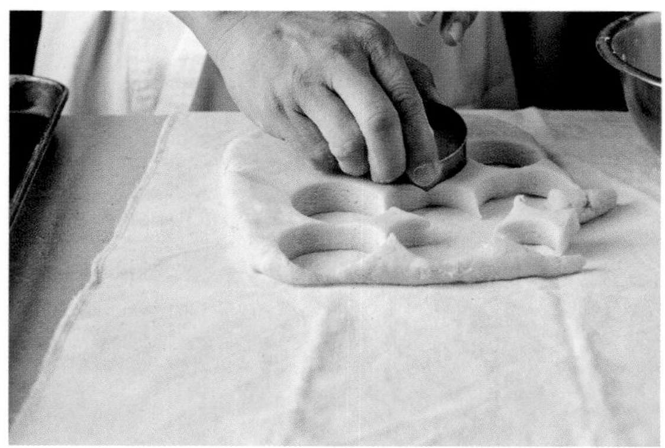

GÂTEAUX SECS CLASSIQUES
오뗄두스의 **클래식 구움과자**
DE L'HOTEL DOUCE

저　자 | 정홍연
발행인 | 장상원
편집인 | 이명원

초판 1쇄 | 2018년 9월 20일
4쇄 | 2023년 2월 6일

발행처 | (주)비앤씨월드 출판등록 1994.1.21 제 16-818호
주　소 | 서울특별시 강남구 선릉로 132길 3-6 서원빌딩 3층
전　화 | (02)547-5233 **팩스** | (02)549-5235 **홈페이지** | www.bncworld.co.kr
블로그 | http://blog.naver.com/bncbookcafe **인스타그램** | www.instagram.com/bncworld
진　행 | 김상애 **디자인** | 박갑경
사　진 | 허인영(STUDIO HER)

ISBN | 979-11-86519-21-9 13590

이 도서의 국립중앙도서관 출판예정도서목록(CIP)은 서지정보유통지원시스템
홈페이지(http://seoji.nl.go.kr)와 국가자료공동목록시스템(http://www.nl.go.kr/kolisnet)에서
이용하실 수 있습니다. (CIP제어번호 : CIP2018028929)